DICTIONARY OF NATURE CONSERVOLOGY

自然保护区学词典

崔国发 主编

中国林业出版社

图书在版编目（CIP）数据

自然保护区学词典/崔国发编著. —北京：中国林业出版社，2013.11
ISBN 978-7-5038-7252-5

Ⅰ．①自… Ⅱ．①崔… Ⅲ．①自然保护区－名词术语－词典

Ⅳ．①S759.9-61

中国版本图书馆 CIP 数据核字（2013）第 254061 号

中国林业出版社·自然保护图书出版中心

责任编辑：刘家玲　田　红

出版发行：中国林业出版社（100009　北京西城区德内大街刘海胡同 7 号）
　　　　　电话：（010）83225836　83225764
　　　　　http://lycb.forestry.gov.cn
经　　销：中国林业出版社
印　　刷：北京中科印刷有限公司
版　　次：2013 年 10 月第 1 版
印　　次：2013 年 10 月第 1 次印刷
开　　本：787mm×1092mm　1/32
印　　张：3
字　　数：100 千字
定　　价：20.00 元

《自然保护区学词典》
编写人员

主　　编　崔国发

副 主 编　王清春　徐基良　邢韶华

编撰人员　（按姓氏笔画为序）

　　　　　王清春　邢韶华　何友均

　　　　　徐基良　崔国发　雷　霆

前　言

在我国关于自然保护区的系统科学研究始于 1980 年以后。早期，只有李文华、马建章、金鉴明、宋朝枢、王献溥、赵献英和薛达元等少数科技工作者研究自然保护区的科学问题。1987 年宋朝枢首次提出自然保护区学的概念，明确了自然保护区学的定义和研究内容。1992 年马建章主编的《自然保护区学》出版，标志着"自然保护区学"的雏形在我国开始形成。2002 年崔国发等人提出建立自然保护区学科建设方案，使之成为独立的二级学科。自此以后，我国一些高校和科研院所相继成立了自然保护区学院、自然保护区研究中心、自然保护区研究室等机构。

自然保护区逐步成了一类特殊的土地利用类型，自然保护区管理工作也逐步成为一个行业。截至 2012 年年底，我国自然保护区总数达到 2669 处，总面积达到 149.79 万平方千米；国家级自然保护区已建立 363 处，面积 94.15 万平方千米（不含港澳台地区）。自然保护区管理人员也迅速增加，需要掌握和了解自然保护区学知识的教学、科研、管理人员以及学生、志愿者等各个领域的人员愈来愈多。但是到目前为止，我国还没有一本专门的自然保护区学词典，为此，我们组织编写了本词典。

本词典共收录了正式词条 501 条，同义异名词条 53 条，总计 554 条，均是与自然保护区建设和管理工作紧密相关的名词术语，内容涉及自然保护区的保护对象、规划建设、经营管理、服务功能等多个方面。适用于自然保护区保护、管理、教学、科研及其他有关领域工作人员参考。

本词典在编写过程中，得到了中国科学院植物研究所王献溥和马克平、中国科学院动物研究所蒋志刚和宋延龄、中国科学院生态环境研究中心欧阳志云、中国林业科学研究院刘世荣和崔丽娟、中国环境科学研究院李俊生、北京林业大学罗菊春、北京师范大学张正旺、首都师范大学洪剑明、国家林业局调查规划设计院唐小平等同仁的精心审校，同时得到了国家环境保护部陶思明、国家海洋局王斌、国家林业局李忠和郭红燕等相关自然保护区主管部门专家的宝贵建议。在此，一并表示衷心的感谢。

由于编者的水平有限，在词条的选择、内容的取舍和文字的润色等各个方面，难免有错漏之处，敬请广大读者提出批评和指正。

编　者
2013 年 6 月

凡　例

一、本词典系首部《自然保护区学》词典。

二、本词典收录了与自然保护区建设和管理工作紧密相关的词条，内容涉及自然保护区的保护对象、规划建设、经营管理、服务功能等多个方面。词条参考了生态学、生物学、地理学、环境学、气象学、水文学等多学科的词典以及相关的法律法规、国家标准、行业标准等各类权威文献，结合自然保护区行业的实际斟酌确定，每一条词语都经过著者的仔细思考和有关专家的审校。

三、有关词条：

1. 本词典正文按照词条汉语拼音字母顺序排列；

2. 异名词条均单独列出，释义需见主词条，用"见"标注；

四、全书正文后附两个索引：汉英索引和英汉索引；一条汉语词条有两条以上英文释义时，在英汉索引中将按照英文词条的顺序依次单独出现，索引均指向同一汉语词条。

五、本词典采用现代规范书面语体文、记述体。语言文字、标点符号、数字数据、计量单位的使用和引文注释的书写等按国家有关规定执行。

目　录

A

埃塞俄比亚界（Ethiopian realm） 见"热带界"。

安全岛（safety island） 适合于野生动植物生存繁衍的孤立生境片段。

澳大利亚植物区（Australian flora kingdom） 大陆植物区系分区之一，由澳大利亚大陆和塔斯马尼亚岛构成的独立植物区。又称"澳洲植物区"，简称"澳大利亚区"。

澳洲界（Australian realm） 大陆动物地理区之一，包括澳大利亚、新西兰、伊里安岛、俾斯麦群岛、所罗门群岛、波利尼西亚群岛等地区。代表性动物有大袋鼠（*Macropus giganteus*）、考拉（*Phascolarctos cinereus*）等。

澳洲植物区（Australian flora kingdom） 见"澳大利亚植物区"。

B

半标准化访谈（semi-standardized interview） 见"半结构式访谈"。

半结构式访谈（semi-structured interview; semi-standardized interview）又称"半标准化访谈"，是一种以事先制定的访谈大纲做指引，但不拘于大纲顺序和内容的半开放式的访谈，是重要的资料收集方法。

伴生种（companion species；accompanying species） 在生物群落中经常出现、与优势种或目标种相伴存在的物种。

保护成效（conservation achievement） 指自然保护区对主要保护对象的生存状态及其生境适宜性等方面的保护效果。

保护空缺分析（protection gap analysis） 运用遥感和地理信息系统（GIS）等工具，通过对区域物种、植被和生态系统的保护状况进行评估与监测，及时发现游离于现有保护区系统之外，具有较高保护价值的潜在区域，并确定这些区域的尺度和位置的过程。

保护区（protected area） 用于生物多样性、自然及文化资源保护，并通过法律和其他有效手段设立并进行管理的特定区域。是国际通用的对各种类型保护区域的泛称。

保护区管理类型（management categories of protected area） 世界自然保护联盟（IUCN）根据保护区的性质或管理目标、管理方式划分的保护区类别。

保护物种（protected species） 依法受到保护，禁止任意捕杀或采集的野生物种。它们往往是数量稀少的濒危物种、生物进化过程中的残遗种、有重要科研价值或经济价值的物种。

B

北极海动物区（arctic sea fauna） 范围包括北冰洋及附近海域。该区水温低，常在 0℃ 以下，终年大都被冰雪覆盖。该区动物种类贫乏，代表性动物有冠海豹（*Cystophora cristata*）、海象（*Odobenus rosmarus*）、北极露脊鲸（*Balaena mysticetus*）、北极熊（白熊）（*Thularctos mari- timus*）、象牙鸥（*Larus eburnea*）、鳕鱼（*Gadous macrocephalus*）等。

北温带海动物区（north temperate fauna） 范围北与北极海区相接，南至北纬 40° 之间的海域。该区水温较暖，一般在 0℃ 以上，随季节和海流而变化。被欧亚大陆和北美大陆分为北太平洋亚区和北大西洋亚区。动物种类较北极海区丰富，种群数量大，是重要的渔场。代表性动物有海狗（*Callorhinus ursinus*）、海獭（*Enchydra lutris*）、暴风鹱（*Fulmarus glacialoides*）等。

被子植物（angiosperm） 胚珠形成的种子包裹在成熟子房内、形成果实的种子植物。

本地种（native species; indigenous species） 出现在自然分布范围及扩散能力以内的物种。也称"乡土物种"或"土著物种"。

避难所（refugium） 地质历史时期，未暴露在整个地区发生的巨大变化之下（如冰川的活动）从而为某些生物类群的生存提供了适宜条件的某个区域。也称"残遗种区"。

边缘效应（edge effect） 在两个或多个异质生态系统交错处，由于种间关系、某些生态因子或系统属性的差异而引起系统边缘带的物种数目、种群密度、生产力等结构与功能发生较大变化的一种自然现象。相关因子间协调适应的，效应为正；否则，效应为负。

编目（inventory） 在不同的地域尺度下对地球上生存的生物类群加以鉴定并汇集成详细名录，同时简要阐述其地理分布、生物学和生态学特性、保护价值、受威胁情况和保护措施等。

变型（forma） 种内有极小变异（如花冠、果的颜色、毛被情况等），但无一定分布区的一个群体。

变种（variety） 指在自然选择条件下，某些遗传性状或形态特征不同于原种的一个群体，是物种以下的分类单位，多用于植物分类。

标本（specimen） 用于科学研究的任何活的或死的生物个体，及其任何可辨认的部分和衍生物，如，动物标本、动物骨骼标本、动物化石标本、植物标本等。

标准化访谈（standardized interview） 见"结构式访谈"。

表现型（phenotype） 具有特定基因型的个体，在一定环境条件下，所表现出来的性状特征的总和。

滨海湿地（coastal wetland） 陆地生态系统和海洋生态系统的交错过

渡地带。按国际湿地公约的定义，滨海湿地的下限为海平面以下 6 米处（习惯上常把下限定在大型海藻的生长区外缘），上限为大潮线之上与内河流域相连的淡水或半咸水湖沼以及海水上溯未能抵达的入海河的河段。与此相当的用语有海滨湿地、海岸带湿地或沿海湿地等。地形上包括河口、浅海、海滩、盐滩、潮滩、潮沟、泥炭沼泽、沙坝、沙洲、泻湖、红树林、珊瑚礁、海草床、海湾、海堤、海岛等。

濒危性（endangered） 自然保护区内物种、群落、生境、生态系统等濒临绝灭或崩溃的危险程度。

濒危种［endangered （EN） species］ 指由于物种自身的原因或受到人类活动、自然灾害的影响而有野外灭绝危险，符合 IUCN 物种受威胁等级"濒危标准"的物种。

冰川（glacier） 寒冷地区多年降雪积聚、经过变质作用形成的具有一定形状并能自行运动的天然冰体。

冰期（glacial epoch） 地质历史中气候寒冷，极地被冰覆盖而中、低纬度地区有强烈冰川作用的时期。全球在地质历史中曾发生过三次大冰期，即震旦纪冰期（8.5 亿～5.7 亿年前）、石炭－二叠纪冰期（3.5 亿～2.3 亿年前）和第四纪冰期（200 万年以来）。间冰期是两次冰期之间气候变暖的时期。冰期时，冰川大规模扩张或前进；间冰期时，冰川消融后退。

冰期残遗种（glacial relics） 指经受更新世冰期的影响但在局部具有适宜生境的地域中残存下来的生物类群。也称"冰期子遗种"。

冰期子遗种（glacial relics） 见"冰期残遗种"。

哺乳类（mammal） 身体一般分头、颈、躯干、尾和四肢五部分，体温一般恒定，体腔以肌肉性的膈分为胸腔和腹腔，体表一般有毛；齿有门齿、犬齿、前臼齿和臼齿之分；多为胎生，并以乳汁哺育幼体。脊椎动物亚门中最高等一类，也称"兽类"。

C

参与式农村评估（participatory rural appraisal，PRA） 通过问卷、访谈、村民大会等快速收集乡村资源状况、发展现状、农户意愿，并评估其发展途径的田野调查工具。

残遗种（relic species） 在古地质史上分布区广大，但现在只分布在孤立的狭窄地域或者星散分布的物种。也称"子遗种"。常被称作"活化石"。

残遗种区（refugium） 见"避难所"。

草甸（meadow） 分布在气候和土壤湿润、无林地区或林间地段的多年生的中生草本植物群落组成的植被，可分为高寒草甸、高山草甸、亚高山草甸、中山草甸、低地草甸和森林草甸。

草甸草原（meadow steppe） 温带半湿润、半干旱气候条件下，多年生禾草和中生杂类草占优势的植被类型。

草原（steppe）温带半干旱气候地区，旱生或半旱生的多年生草本植物群落为主组成的地带性植被。一般分为草甸草原、典型草原、荒漠草原和高寒草原 4 类。

草原围栏（grassland fence） 为了保护草原植被及以草原植被为主要生境的野生生物，人为在草原上修建的阻隔外来干扰的围栏。

草原与草甸生态系统类型自然保护区（nature reserve for steppe and meadow ecosystem） 以草原和草甸生物群落及其生境所形成的自然生态系统作为主要保护对象的自然保护区。

层片（synusia） 是植物群落中由相同或相近生活型的植物种类形成的具有一定空间、时间特征和植物环境的群落亚单位。如，落叶季雨林和季风常绿阔叶林。

产卵场（spawning ground） 水生动物集群产卵的场所。产卵场内可能包含许多产卵地。

冲突管理（conflict management） 指运用各种策略和手段为了特定的目标而对冲突进行的调解、解决活动。以防止现有冲突垂直（激烈程度的加深）和水平（地域或空间扩展）升级，最终化解冲突、缓解矛盾。

次生林（secondary forest） 原生林在近现代受自然或人为因素干扰破坏后从次生裸地上自然更新恢复形成的森林。

次生裸地（secondary barren） 指原有植被被破坏，但原有植被影响下的土壤条件仍然存在或受到很少破坏，还残留原有植被的种子或繁殖体的裸地。导致次生裸地形成的因子有火灾、洪水、崖崩、风灾或人类活动干扰等。

次生灭绝（secondary extinction） 一个物种由于它依存的另一物种的灭绝而灭绝的现象。常发生于食物链断裂、寄主灭绝等情况下。

次生演替（secondary succession） 在次生裸地上开始的生物群落演替过程。因为或多或少保留了原先的繁殖体和土壤，演替速度一般比原生演替快。

脆弱性（frangibility） 自然保护区内物种、群落、生境、生态系统等对外来干扰的内在敏感程度。

存在价值（existence value） 亦称"内在价值 intrinsic value"。指生物多样性在伦理道德层面的价值。自然界多种多样的物种及其系统的存在，有利于地球生命支持系统功能的保持及其结构的稳定。存在价值一般由保护愿望来决定，反映人对自然的同情和责任。

D

大陆动物地理区（zoogeographical realm） 见"动物地理界"。

大陆动物区（zoogeographical realm） 见"动物地理界"。

代表性（representative） 自然保护区内物种、群落、生境、生态系统等在一定时空范围内的典型程度。

岛屿（island） 指四面环（海）水并在高潮时高于水面的自然形成的陆地区域。

道地药材（genuine regional herbs） 传统中药材中具有特定的种质、特定的产区、特有的生产技术或加工方法等特点的质量和疗效优良的药材。

等位基因（allele） 是指在一对同源染色体的同一位置上的两个不同形式的基因。

底栖生物（benthos） 指在海（水）底营附着、固着、埋栖、钻孔和匍匐活动的一类动、植物的总称。

地带性植被（zonal vegetation） 能充分反映气候类型特征的植被类型，在地球表面常呈带状分布，与气候带（型）的界线大致相符，也称"显域性植被"。

地方级自然保护区（local nature reserve） 在一定行政区域内具有较高的科学、文化、生态或经济价值，并经各级地方人民政府批准建立的自然保护区。一般分为省（自治区、直辖市）级、地（地级市、自治州、盟）级和县（县级市、旗、区）级。

地理隔离（geographical isolation） 由于地形、地貌、水体等地理因素导致的同种生物的不同群体间不能进行基因交流的现象。

地理小种（geographical strain） 物种在地理隔离的影响下，从原始种分化形成的具有一定形态或遗传差异的群体。

地理信息系统（geographic information system; GIS） 在计算机软硬件支持下，把各种地理信息按照空间分布及属性，以一定的格式输入、存储、检索、更新、显示、制图、综合分析和应用的技术系统。

地形顶极（topographic climax） 由于局部地形差异（阳坡和阴坡）产生的适应该种地形特征的植物群落演替形成的顶极群落。

地形图（topographic map） 指将地表起伏形态和地物位置、形状通过水平投影的方法（沿铅垂线方向投影到水平面上）按一定比例尺缩绘到图纸上形成的地图。

地质公园（geological park） 由具有特殊科学意义、稀有性和美学等价

D

值的地质遗址组成的区域，这些区域还具有考古、历史、文化和保护等价值，可供人们游览、休息或进行科学研究、文化、教育活动。

地质遗迹（geological monument） 在地球形成和演化的漫长地质历史时期，受各种内外动力作用而形成并遗留的自然产物，可分为地质构造、地质景观和地质灾害等3类。

地质遗迹类型自然保护区（nature reserve for geological formations） 以特殊地质构造、地质剖面、奇特地质景观、珍稀矿物、奇泉、瀑布、地质灾害遗迹等作为主要保护对象的自然保护区。

第三纪（tertiary period） 新生代最老的一个纪，距今 6500 万～200 万年。第三纪的重要生物类群是被子植物、哺乳动物、鸟类、真骨鱼类、双壳类、腹足类、有孔虫等，这与中生代（距今约 2.5 亿年～约 6500 万年）的生物界面貌迥异，是"现代生物时代"的开端。

第四纪（quaternary period） 新生代最新的一个纪，其下限年代多采用距今 200 万年，包括更新世（200 万年～1 万年前）和全新世（1 万年前至今）。第四纪期间生物界已进化到现代面貌，灵长目中完成了从猿到人的进化。

典型草原（typical steppe） 温带寒冷、半干旱气候条件下，多年生、旱生丛生禾草和杂类草占优势的植被类型。

顶极群落（climax community） 在一定气候、土壤、生物、人为活动或火烧等条件下，经过演替最终形成的稳定群落。顶极群落在理论上应具有以下主要特征：是一个在内部和外部已达平衡的稳定系统；物种组成和结构已相对恒定；有机物质的生产量与消耗量或输出量基本平衡，现存量波动不大；如无外来干扰，可以自我延续地存在下去。

东洋界（oriental realm） 大陆动物地理区之一，包括喜马拉雅山以南和中国淮河、秦岭以南、印度半岛、斯里兰卡岛、中南半岛、马来半岛、菲律宾半岛、苏门答腊岛、爪哇岛和加里曼丹岛等大小岛屿。代表性动物有云豹（*Neofelis nebulosa*）、马来熊（*Helarctos malayanus*）、亚洲象（*Elephas maximus*）等。

动态区划（dynamic zoning） 指在不同的季节里采取不同分区方案的区划方法。该方法主要适用于作为迁徙性或洄游性野生动物栖息地的自然保护区，特别是以候鸟为主要保护对象的自然保护区。

动态自然保护区（moving nature reserve） 由于长期水陆变化等原因，导致自然保护区内生境发生不可逆的自然演化，保护对象的集中分布区发生位移，依此定期重新划定范围的自然保护区。如建立在江河入海三角洲上的自然保护区。

动物保护区（sanctuary） 见"禁猎（捕）区"。

动物地理界（zoogeographical realm） 亦称"大陆动物区"或"大陆动物地理区"。大陆动物区系分区系统的最高级分类单位，是在地理区和动物区系具有一致特点的地区，一般根据哺乳类和鸟类划分。共分为古北界、东洋界、澳洲界、新热带界、热带界（埃塞俄比亚界）、新北界等 6 个界。

动物顶极（zootic climax） 原有植物群落的结构和组成在某种占优势的动物的利用下发生改变，形成的与该种动物活动密切联系的顶极群落。

动物行为（animal behavior） 在一定环境条件下，动物为了完成摄食排遗、体温调节、生存繁殖以及满足个体其他生理需求而以一定的姿势完成的一系列动作。不仅包括身体的运动，还包括静止的姿势、体色的改变或身体标志的显示、发声，以及气味的释放等。动物行为受神经、内外激素分泌的调节，同时受到动物心理因素的影响。

动物区系（fauna） 亦称"野生动物区系（wild fauna）"。某一地区内在历史发展过程中形成的、在现今生态条件下生存的所有动物种类的总体。

动物区系区划（faunal division） 依据动物区系的历史发生共同点和主要类群的分布，及其亲缘关系远近，所进行的动物分布区域的划分。整个地球表面分为海洋动物区和大陆动物区。

冻原（tundra） 亦称"苔原"，指分布在北极圈内以及温带、寒温带的高山树木线以上，主要以苔藓、地衣、多年生草类和耐寒小灌木构成的植被带，土壤具永冻层。

多度中心（center of abundance） 某一分类单元的数量最多和最密集的地区。

多样性（variety） 自然保护区内物种、群落、生境、生态系统等数量和类型的丰富程度。

多元顶极（multiple climax；polyclimax） 在一个气候区域内，在自然和人为因素的作用下形成的一种或多种稳定的植物群落。除气候顶极外，还有土壤顶极（edaphic climax）、地形顶极（topographic climax）、火烧顶极（fire climax）、动物顶极（zootic climax）；同时还存在复合型顶极，如地形－土壤顶极（topography-edaphic climax）和火烧－动物顶极（fire-zootic climax）等。

F

泛北极植物区（holarctic flora kingdom） 大陆植物区系分区之一，指北回归线以北的整个地区，包括整个欧洲、亚洲大部、非洲的北半球及几乎全部北美洲，是世界最大的植物区。又称"全北极植物区"；常简称为"泛北极区"或"全北区"。分为北方亚区和古地中海亚区。

泛南极植物区（holantarctic flora kingdom） 大陆植物区系分区之一，位于南半球南纬30°（在南美大陆）或40°以南，包括南半球的寒带、温带和部分亚热带，与泛北极植物区相对应。但这里大部分为开阔的海洋和南极冰川，陆地面积较小。又称"南极植物区"，简称"南极区"。

非地带性植被（azonal vegetation） 受地下水、地表水、地貌部位或地表组成物质等非地带性因素影响而生长发育的植被类型，也称隐域性植被。

非使用价值（non-use value） 指生物多样性所具有的独立于使用价值之外的价值形式，主要体现在生物多样性的存在价值、遗产价值及选择价值。

分布区（distribution area） 某种或某一类群的生物所占有的地理空间。

风景名胜区（scenic area） 具有丰富的自然资源和突出的观赏、文化或科学价值，自然景物和人文景物相对集中，环境优美，具有一定规模和保护价值，受有关部门保护并可供人们游览、休息或进行科学研究、文化、教育活动的地区。其建立需要经过国务院建

设行政主管部门的批准。

风景资源（scenery resources） 见"景观资源"。

封沙育草（closing sand land for grass planting） 为恢复沙地植被，在一定时间内对某一区域采取禁止放牧、樵采、开垦等治沙措施。

封山育林（closing hill for afforestation; forest reservation） 在有一定种源的条件下，采取封禁，减少人、畜等外界因素对林地的干扰，以恢复植被和促进林木生长的措施。

复合种群（metapopulation） 见"集合种群"。

浮游生物（plankton） 指因缺乏发达的运动器官而没有或只有微弱的运动能力，悬浮在水层中随水流移动的生物类群。按其营养方式和分类地位可分为浮游植物和浮游动物两大亚类。

负氧离子（negative oxygen ion） 指带负电荷的氧离子，一般是由自然界的宇宙射线、紫外线、土壤和空气放射线影响而使空气中的氧气分解而产生的一种负离子，具有清新空气的作用，又称为"空气维生素"。森林能释放出高浓度的负氧离子。

G

干湿度地带性（longitudinal zonality） 见"经度地带性"。

高等植物（higher plant） 指形态上有根、茎、叶分化植物，又称茎叶体植物。其构造上有组织分化，多细胞生殖器官，合子在母体内发育成胚，故又称"有胚植物"。包括苔藓植物、蕨类植物和种子植物三大类群。

高寒草原（alpine grassland） 分布在海拔 4000 米以上，多年生草本、垫状小灌木或垫状植物占优势的植被类型。

隔离种群（isolate; isolated population） 在地理、生态、遗传等方面与其他同类种群分离的生物种群。

功能群（functional group） 具有相似结构和功能的物种集合，这些物种在生态系统中具有相似作用，其成员相互取代后对生态系统的影响较小。

古北界（palearctic realm） 大陆动物地理区之一，包括欧洲大陆、北回归线以北的非洲与阿拉伯半岛以及喜马拉雅山脉以北、中国淮河、秦岭以北的亚洲地区。代表性动物有驼鹿（*Alces alces*）、东北虎（*Panthera tigris altaica*）、欧洲野牛（*Bison bonasus*）、棕熊（*Ursus arctos*）等。

古热带植物区（paleotropical flora kingdom） 大陆植物区系分区之一，指包括亚洲、非洲和大洋洲热带地区及其临近岛屿在内的植物区，为地球陆地上第二大植物区；分为非洲、马达加斯加、印度－马来西亚、波利尼西亚和新喀里多尼亚 5 个植物亚区。简称古热带区。我国热带地区属于印度－马来西亚植物亚区的一部分。

古生物遗迹（paleontologic monument） 在不同地质历史时期形成的古生物化石，包括保存在地层中的生物遗体或其活动痕迹。如古人类化石、古脊椎动物化石、古植物化石、古微生物化石以及反映古人类和古生物活动的遗迹化石等。

古生物遗迹类型自然保护区（nature reserve for ancient organisms remains） 以古人类、古生物化石产地和活动遗迹作为主要保护对象的自然保护区。

固定样地（fixed sample） 用于调查和监测野生生物的种群动态和分布格局，了解区域生物多样性变化而人为设置的具有一定面积的永久抽样区域。固定样地多用于植物和植被的调查和监测，不同地区最小样地面积标准不同。

固定样线（fixed sample line） 为调查和监测野生物种的种群动态和分布格局，了解区域生物多样性变化而人为设置的永久抽样线路。固定样线多用于野生动物的调查和监测。

关键种（keystone species） 对特定群落或生态系统的结构和功能起决定作用的物种。

管护性破坏（managemental destruction） 在保护区内建设网围栏、生物防火

G

隔离带，频繁进行调查监测，实施化学防治病虫鼠害等不当管护措施对保护对象产生的干扰。

灌草丛（shrub tussock） 指以中生或旱中生多年生草本植物为主要建群种，但其中散生灌木的植物群落。它是分布于中国温带、亚热带及热带地区荒山、荒地上的主要植被类型。除特殊生境下（如海滨）为原生类型外，大部分是森林、灌丛被砍伐，导致水土流失，土壤日趋瘠薄，生境趋于干旱化所形成的次生类型。

灌丛（shrubland） 由无明显主干、分枝从近地面处开始、群落高度在3米以下、且不能改造为乔木的多年生木本植物群落占优势的植被类型。

归化种（naturalized species） 不依靠直接的人为干预而能持续繁殖并维持种群超过一个生命周期的外来物种。它们常常建立自然种群，但不一定对本地物种产生可见的不利影响。

国际重要湿地（wetland of international importance） 由中国政府指定，经湿地公约（The Convention on Wetlands）秘书处确认，被列入到《国际重要湿地名录》的湿地。一般区域内包含典型、稀有或唯一的湿地类型，或者在物种多样性保护方面具有国际重要性，是重要的鸟类或鱼类等野生生物物种的重要生存空间的湿地。

国家二级重点保护野生动物（protected animals of national class II） 数量稀少或分布地域狭窄，若不采取保护措施将有灭绝危险的野生动物。因特殊情况需要捕猎国家二级重点保护野生动物的，须经县级以上野生动物主管部门同意，并向所在省、自治区、直辖市政府野生动物行政主管部门申请特许猎捕证。

国家二级重点保护野生植物（protected plants of national class II ） 具有重要的科研、经济或文化价值的珍稀濒危植物种类。国家二级重点保护野生植物禁止采摘和砍伐，特殊需要时须经采集地的县级人民政府野生植物行政主管部门签署意见后，向省、自治区、直辖市人民政府野生植物行政主管部门或者其授权的机构申请采集证。

国家公园（national park） 以科学研究、教育、娱乐和旅游为目的，为保护具有国家或国际重要意义的自然区域而划定的陆地或海域。该类保护区的管理是在保护自然生态系统、物种及其生境或地貌的同时为人类提供娱乐和游憩的场所。属于 IUCN 保护区分类体系的 II 类。

国家级自然保护区（national nature reserve） 在全国或全球具有极高的科学、文化、生态或经济价值，并经国务院批准建立的自然保护区。

国家一级重点保护野生动物（protected animals of national class I） 我国特有、稀有或濒于灭绝的野生动物。该类物种受到严格保护，因科学研究、驯养繁殖、展览或者其他特殊原因，需要捕捉、捕捞国家一级重点保护野生动物的，必须经省级野生动物主管部门同意，并向国务院野生动物行政主管部门申请特许猎捕证。

国家一级重点保护野生植物（protected plants of national class I） 中国特有并具有极为重要的科研、经济或文化价值的珍稀濒危植物种类。国家一级重点保护野生植物（包括根、茎、叶、花、果实、种子）严禁采摘和砍伐，如因科学研究、人工培育、文化交流等特殊需要，采集国家一级重点保护野生植物的，必须经采集地的省、自治区、直辖市人民政府野生植物行政主管部门签署意见后，向国务院野生植物行政主管部门或者其授权的机构申请采集证。

国家重点保护物种（the wildlife under special state protection） 由国家正式公布、要求重点保护的物种，主要是《国家重点保护野生动物名录》和《国家重点保护野生植物名录（第一批）》收录的物种。包括数量极少、分布范围较窄的物种，具有重要经济、科研、文化价值的受威胁种，重要作物的野生种和有遗传价值的近缘种，或有重要经济价值但因过度利用使数量急剧减少的物种。

过鱼设施（fish pass structure） 水生生物通道的一种，为使洄游鱼类繁殖时能顺流或逆流通过河道中的水利枢纽或天然河坝而设置的建筑物及设施的总称。

H

海岸带（coastal zone） 海洋与陆地相互作用的地带，即海洋向陆地的过渡地带。一般由三部分组成：平均高潮线及其以上的沿岸陆地部分，即海岸；介于平均高潮线与平均低潮线之间的潮间带；平均低潮线以下的浅水部分，即水下岸坡。

海草床（seagrass bed） 以大面积的连片海草为基质形成的一类海底生态系统。

海湾（gulfs and bays） 天然的海湾是海洋在两个陆角或海岬之间向陆凹进、有广大范围被海岸部分环绕的水域。法律上的海湾是湾口宽度小于 24 英里，湾内面积等于或大于直径同湾口宽度相当的半圆形水体。

海洋（ocean） 海水深度在 200 米以上，从大陆架开始朝向深海一侧的部分。

H

海洋动物区（marine fauna） 依据海洋动物的区系特征和主要类群的分布所做的区划。一般划分为北极海动物区、北温带海动物区、热带海动物区、南温带海动物区和南极海动物区。

海洋公园（marine park） 指为保护海洋生态与历史文化价值，发挥其生态旅游功能，在特殊海洋生态景观、历史文化遗迹、独特地质地貌景观及其周边海域划定的海洋特别保护区。

海洋和海岸带生态系统（marine and coastal ecosystems） 指具有一定典型性和特殊保护价值的海洋和海岸生物群落及其周围环境共同组成的海洋和海岸自然生态系统，具体可包括以下类型：河口生态系统、潮间带生态系统、盐沼（咸水、半咸水）生态系统、红树林生态系统、海湾生态系统、海草床生态系统、珊瑚礁生态系统、上升流生态系统、大陆架生态系统、岛屿生态系统等。

海洋和海岸生态系统类型自然保护区 [nature reserve for ocean and seacoast (marine and coastal) ecosystem] 以海洋、海岸生物与其生境共同形成的海洋和海岸生态系统作为主要保护对象的自然保护区。

海洋生物（marine organisms） 指海洋中具有生命的有机体。按分类系统分为海洋原核生物、海洋原生生物、海洋真菌、海洋植物和海洋动物。按其生活方式分为底栖生物、浮游生物、游泳生物和寄生生物。

海洋特别保护区（special marine protected area） 指对具有特殊地理条件、生态系统、生物与非生物资源及海洋开发利用特殊需要的区域采取有效的保护措施和科学的开发方式进行特殊管理的海洋区域。

海域使用管理（management of sea area use） 指为了维护国家海洋权益、科学布局海洋生产力、建立合理的海域开发利用和保护秩序，国家依法对其管辖海域内所有使用海域的单位和个人进行的指导、规划、协调、监督和干预等行为。

旱生植物（xerophyte） 适宜在干旱生境下生长，能耐受长时间的土壤水分亏缺仍能维持水分平衡和正常生长发育的植物。旱生植物一般面积对体积的比例很小，而且根系发达。如刺石竹（*Acanthophyllum pungens*）等。

航空照片（aerial photo） 简称航片。指利用飞机、气球等航空器拍摄的地面照片，能较真实地记录瞬间地面物体的某些特征及其与周围环境的关系。

好望角植物区（Cape flora kingdom）简称"好望角区"，见"开普植物区"。

河口生态系统（estuary ecosystem） 河口水层区与底栖带所有生物与

其环境进行物质交换和能量传递所形成的统一整体。

核心区（core zone; central area） 自然保护区内保存完好的自然生态系统，珍稀、濒危野生动植物和自然遗迹的集中分布区。该区域需要严格保护与管理。

红树林（Mangrove） 指生长在热带、亚热带低能海岸潮间带上部，受周期性潮水浸淹，以红树植物为主体的常绿灌木或乔木组成的潮滩湿地木本生物群落。组成的物种主要包括草本、藤本红树。它生长于陆地与海洋交界带的滩涂浅滩，是陆地向海洋过度的特殊生态系。

后顶极（postclimax） 在一定的气候区域内，由于局部气候条件较差而产生的落后于气候顶极的稳定植物群落。例如，草原区内出现的荒漠被片段。

候鸟（migratory bird） 在一年中随着季节变化，定期地沿着相对稳定的迁徙路线，在繁殖地和越冬地之间远距离迁徙的鸟类。夏季在某一地区繁殖而秋季离开的鸟类对该地区而言是夏候鸟（summer resident; summer visitor）；冬季在某一地区越冬、春季离开的鸟类对该地区而言是冬候鸟（winter resident; winter visitor）。

湖泊（lake） 陆地上洼地积水形成的水域宽阔、水量交换相对缓慢的天然水体。包括各种天然湖、池、荡、漾、泡、"海"、淖、错、淀、洼、潭、泊等水体名称。

化石（fossil） 由于自然作用在地层中保存下来的地史时期生物的遗体、遗迹，以及生物体分解后的有机物残余（包括生物标志物、古 DNA 残片等）等。一般分为实体化石、遗迹化石、模铸化石、化学化石、分子化石等不同的保存类型。

化学防治（chemical control） 利用各种化学物质及其加工产品控制有害生物危害的防治方法。

环境（environment） 作用于生物个体或群体的外界因子的总和。

环境背景值（environmental background value） 亦称"环境本底（environmental background）"。在未受人类活动干扰的情况下，大气、水、土壤、生物光、热等环境要素的物质组成或能量分布的正常值。

环境本底（environmental background） 见"环境背景值"。

环境承载力（environmental carrying capacity） 某一环境的状态和结构在不发生难以逆转的变化的前提下，所能承受的人类干扰的类型、规模、强度和速度等方面的限值。

环境监测（environmental monitoring） 运用化学、生物学、物理学和医学等方法，对大气、土壤和水体等环境因素进行定期调查和测定。

H

H

环境容量（environmental capacity）指在人类生存和自然生态系统不受危害的前提下，某一环境所能容纳的污染物的最大负荷量；也指一个生态系统在维持生命机体的生存能力和更新能力的前提下，承受有机体数量的最大限度。

环境影响评价（environmental impact assessment）对规划和建设项目实施后可能造成的环境影响进行分析、预测和评估，提出预防或者减轻不良环境影响的对策和措施，并进行跟踪监测的过程。

缓冲区（buffer zone；easement zone）在核心区外围划定的用于减缓外界对核心区干扰的区域。

荒漠（desert）植被学上，荒漠指气候干燥、降水稀少、蒸发量大地区形成的以稀疏超旱生小乔木、半灌木和灌木植物占优势的植被类型。如小乔木荒漠、灌木荒漠、半灌木荒漠等。地理学上，荒漠指气候干燥、降水稀少、蒸发量大、植被贫乏的干旱地区。一般分为沙漠、戈壁、石漠、盐漠等类型。

荒漠草原（desert steppe）温带干旱气候条件下，旱生、丛生小禾草和小半灌木占优势的植被类型。

荒漠化（desertification）指包括气候变异和人类活动在内的各种因素引起的土地生产力衰退或丧失而形成荒漠或类似荒漠的过程。包括沙漠化、石漠化、盐漠化等。

荒漠生态系统类型自然保护区（nature reserve for desert ecosystem）以荒漠生物群落及其生境共同形成的自然生态系统作为主要保护对象的自然保护区。

荒野地保护区（wilderness area）见"荒原保护区"。

荒原保护区（wilderness area）拥有大面积未经人类破坏或破坏较轻的陆地或海域，且没有永久性或大面积人类聚居地的保护区。该类保护区以长期保存其自然特色，保护自然环境质量为管理目标。属于 IUCN 保护区分类体系的 Ib 类，属于严格管理的保护区。也称为"荒野区"、"荒野地保护区"。

荒野区（wilderness area）见"荒原保护区"。

洄游（migration）水生动物为了繁殖、越冬或索饵的需要，定期、定向地从一个水域迁移到另一个水域的运动。

活动区（home range）见"家域"。

火山（volcano）岩浆活动穿过地壳，到达地面或伴随有水气和灰渣喷出地表，形成的具有特殊结构和锥状形态的山体。

火烧顶极（fire climax）由于周期性火烧而维持其种类组成和结构的顶极植物群落。

J

基因（gene） 指带有可产生特定蛋白的遗传密码的 DNA 或 RNA 片段，是遗传信息的基本单位。

基因池（gene pool） 见"基因库"。

基因库（gene pool） 一个物种或种群内存在的所有基因组和等位基因的集合，又称"基因池"。

基因流（gene flow） 由于交配或迁移而导致的基因从一个繁殖种群向另外一个种群扩散，使得繁殖种群中的等位基因频率发生变化的现象。也指生物个体从其发生地分散出去而导致不同种群之间基因交流的过程，可发生在同种或不同种的生物种群之间。

基因污染（gene contamination; gene pollution） 一般指转基因生物的外源基因通过某种途径转入并整合到其他生物的基因组中，使得其他生物或其产品中混杂有转基因成分，造成自然界基因库的混杂和污染。广义上也指人工饲养动物和栽培植物逃逸造成野生生物的基因变异，以及外来物种造成本地物种的基因变异。

基因型（genotype） 一个生物体的特定基因组成。其决定一个生物体的全部遗传特征。

基因资源（genetic resources） 见"遗传资源"。

基因组（genome） 是指个体或细胞所含的全套基因的总和。

极危种［critically endangered（CR）species］ 在野外随时灭绝的几率很高并符合 IUCN 物种受威胁等级（Categories of Threatened Species）中"极危标准"的物种。

极小种群（minimal population） 种群个体数量极少，已经低于最小可存活种群而随时濒临灭绝的生物种群。

集合种群（metapopulation） 亦称"复合种群"。由空间上相互隔离但又有一定的基因交流的两个或两个以上的亚种群（subpopulations）或局部种群（local populations）组成的种群系统。也称为"异质种群"。

脊椎动物（vertebrate） 有脊椎骨的动物，是脊索动物门的一个亚门，分为鱼纲、两栖纲、爬行纲、鸟纲和哺乳纲五大类。这类动物一般体形左右对称，全身分为头、躯干、尾三个部分，躯干又被横膈膜分成胸部和腹部，有比较完善的感觉器官、运动器官和高度分化的神经系统。

季节性核心区（seasonal core zone） 根据各季节间气候的差异以及主要保护对象的季节性变化规律，其面积大小、形状和区位发生改变的自然保护区核心区。如，根据野生动物的迁徙或洄游规律确定的核心区，在野生动物集中分布的时段按核心区管理，在其他时段则按实验区管理。

家域（home range） 动物正常活动的范围，也称为"活动区"。与领域不同，动物的家域不具有排他性。

价格意愿（willingness to pay） 见"支付愿意"。

间接使用价值（indirect use benefit） 指生态系统在有机物质生产、CO_2 固定、O_2 的释放、营养物质的固定与循环、污染物的降解、水源涵养、水土保持等方面生态功能的发挥，而为人类社会提供的间接有益的作用，通过替代市场法、恢复费用法等方法计算出来的经济价值。

监测断面（monitoring section） 为真实、全面地反映监测对象的空间分布和变化规律而布设的具有代表性和可操作性的监测界面。

建群种（constructive species） 植物群落优势层中的优势种。

降海洄游（catadromous migration; catadromy） 水生动物在淡水生长、性成熟时到海洋产卵繁殖的洄游。

结构式访谈（structured interview; standardized interview） 又称"标准化访谈"，是一种访谈对象选取、访谈问题提出、提问次序、提问方式和记录方式等标准完全统一的、对访谈过程高度控制的访谈，是重要的资料收集方法。

孑遗种（relic species） 见"残遗种"。

进展演替（progressive succession） 在未经干扰的自然条件下，生物群落从结构比较简单、不稳定或稳定性较小的阶段发展到结构更复杂、更稳定的阶段的过程。后一阶段比前一阶段利用环境更充分，改造环境的作用更强烈。如某个区域植物从稀疏到逐渐转变为森林，这个过程就是进展演替。封山育林的目的就是导致进展演替，使得森林蓄积量提高。

近交衰退（inbreeding depression） 生物自交或近交后代中出现的生活力、适应性或可育性的减退现象。

近危种[near threatened（NT）species] 没有达到依赖保护才能维持生存的程度，但比较接近 IUCN 物种受威胁等级"易危标准"的物种。

禁猎（捕）区（sanctuary） 为保护特有动物或珍稀濒危动物而依法设立的禁止或严格控制渔猎的区域，也称"动物保护区"。

经度地带性（longitudinal zonality; longitudinal zonation） 指气候、水文、生物和土壤等自然要素以及自然带从沿海向内陆逐渐更替的分布规律。主要因水分条件的变化所致，又称"干湿度地带性"。

景观保护区（protected landscape / seascape） 由于自然作用或人与自然长期相互影响而产生的，美学、文化、生态价值突出且生物多样性丰富的陆地或海域。其通常景观优美、生物物种多样、土地利用模式独特，并且拥有反映本土风俗习惯、生活方式与信仰的社会结构。属于 IUCN 保护区分类体系的 V 类。

景观资源（landscape resources） 亦称"风景资源（scenery resources）"。能引起审美与欣赏活动，可以作为风景游览对象和风景开发利用的事物的总称。

就地保护（in situ conservation） 自然生态系统和野生动植物自然生境的保护，以及在野生动植物的天然分布区中对其可存活种群实施的维护和恢复。也指在自然保护区管理工作中，在珍稀濒危物种的原生境实施的去除威胁因子、改善生存条件、促进种群恢复的保育措施。

居留型（avian community structure） 以鸟类的迁徙行为特征为依据的鸟类分类体系。一般包括留鸟、候鸟、旅鸟、迷鸟和漂鸟。

局部灭绝种［local extinct（LE）species］ 在其分布范围内的某个国家或地区消失的物种。

局域种群（local population） 见"亚种群"。

蕨类植物（fern） 有根、茎、叶之分，不具花，以孢子繁殖，有维管束的植物。通常可分为水韭、松叶蕨、石松、木贼和真蕨五纲。

K

开普植物区（Cape flora kingdom） 大陆植物区系分区之一，位于非洲南端沿海的狭窄地区（始于非洲西南端），其北界沿奥兰沿河延伸，东以德拉肯斯堡山脉为界，长约 800km，宽约 80km，是世界最小的植物区。又称"好望角植物区"，简称"好望角区"。

科研性破坏（damage from research） 为了实现科研项目的研究目标，而频繁开展的标本采集、野外调查监测等科研活动对保护对象和生境产生的过度干扰。

可持续利用（sustainable use） 能够长期满足今世后代的需要和期望、不会导致自然资源枯竭的前提下，人类合理利用自然资源的方式和强度。

可更新资源（renewable resources） 亦称"可再生资源"。指被人类开发利用后，能够依靠生态系统自身的再生能力得到恢复或再生的资源。如生物资源和水资源等。

可再生资源（renewable resources） 见"可更新资源"。

空气维生素（negative oxygen ion） 见"负氧离子"。

跨界保护区（transboundary protected areas） 为了保护完整的自然生态系统、野生动植物生境，开展有效的合作管理，相邻的国家或国家内不同行政区之间通过共同协商建立的跨越境界的保护区，包括跨国界保护区、跨省界保护区等。

L

两栖类（amphibian） 卵生，但卵不具有硬壳、拥有四肢的脊椎动物。该类动物皮肤裸露，表面没有鳞片、毛发等覆盖，但是可以分泌黏液以保持身体的湿润；其幼体在水中生活，用鳃进行呼吸，长大后用肺兼皮肤呼吸。分为蚓螈目、蝾螈目、蛙形目。

两栖植物（amphibious plant） 既能在水中又能在陆地上生长的高等植物。通常由于生境改变在形态上产生差异。如两栖蓼（*Polygonum amphibium*），生长在水中时，叶圆，叶柄细长；生长在陆地上时，叶细长，叶柄短，遍体多毛。

林相改造（forest form transformation） 通过抚育、补植等技术措施，对林木外部形态、种类组成进行调整，以达到多树种、多层次、多色彩，并兼顾发挥其涵养水源、保持水土、净化空气、美化环境以及保护生物多样性的生态功能。

林相图（stock state map） 以不同的色调及简单的注记来说明小班与林分的特点，反映森林分布、各种林分区划界线和作业设施现状的图件。

领域（territory） 指动物的个体、繁殖对或家族为了满足其繁殖和生存的需要所占据的一个空间区域。占据者通常对该区域实施有效保护，并阻止其他动物尤其是同种的同性个体入侵。

留鸟（resident bird） 全年栖息于同一地区，不进行远距离迁徙的鸟类。

陆禽（landfowl） 指通常在地面上栖息，翅膀尖为圆形，不适于远距离飞行；嘴短钝而坚硬，腿和脚强壮而有力，爪为钩状，很适于在陆地上奔走及挖土寻食的鸟类。一般包括鸡形目、鸽形目等。

旅鸟（traveler bird） 迁徙途中经过某一地区，有时短暂停歇，但不在此地区繁殖或越冬的鸟类对该地区而言是旅鸟。

旅游环境容量（tourism environmental capacity） 亦称"旅游资源承载力（carrying capacity of tourism resources）"。在对旅游环境和旅游资源不产生显著干扰和永久性破坏的前提下，一个旅游点或旅游区在一定时间内所能接纳的旅游者数量或所允许的旅游活动干扰强度（如噪音量、船速等）。

旅游资源（tourism resources） 自然界和人类社会中凡能对旅游者产生吸引力，可以为旅游业开发利用，并可产生经济效益、社会效益和环境效益的各种事物和因素。

旅游资源承载力（carrying capacity of tourism resources） 见"旅游环境容量"。

绿色国内生产总值（green GDP） 指扣除生态环境成本之后的国内生产总值。其代表国民经济增长的净正效应。

绿色食品（green food） 遵循可持续发展原则，按照特定生产方式生产，经专门机构认定，许可使用专用商标的无污染的安全、优质、营养类食品。

裸子植物（gymnosperm） 无子房构造，胚珠裸露着生在大孢子叶上，形成裸露种子而不形成果实的种子植物。

M

猛禽（raptor） 指喙与爪锐利带钩，视觉器官发达，飞行能力强，羽色暗淡，多以捕食其他鸟类和鼠、兔、蛇等小动物，或食动物腐尸为生的鸟类。猛禽个体数量较其他类群少，但是却处于食物链的顶层。一般包括隼形目、鸮形目等。

迷鸟（straggler bird） 在迁徙过程中偏离通常的迁徙路线而偶然出现在某一地区的鸟类。

灭绝漩涡（extinction vortex） 当种群规模变小时增加种群灭绝危险的正反馈循环。即某个因素引起的种群数量下降加剧了对其他影响因素的敏感性，容易推动种群数量的进一步下降，如此反复，便加速种群走向衰退甚至灭绝的现象。

灭绝种［extinct（EX）species］ 指所有个体都已经死亡的物种。

民族植物（ethnic plants） 被特定的民族用作食物、药材、衣着等材料的特殊植物类群。

鸣禽（songbird） 指嘴小，脚短而强；多树栖，少数地栖生活；鸣叫器官（鸣肌和鸣管）发达，善于鸣叫，营巢育雏，繁殖行为复杂多变的鸟类。主要包括雀形目。

模式标本（type specimen） 每一生物新种在发表定名时作为佐证，以证明其以前确实没有被科学描述过的标本。

N

南极海动物区（antarctic marine fauna） 范围包括南纬50°～60°以南的区域，气候特点与北极相似。代表性动物有象海豹（*Miroujga leonina*）、豹形海豹（*Hydrurga leptonyx*）、带齿喙鲸（*Mesoplodon layardii*）、皇企鹅（*Aptenodytes forsteri*）、南极企鹅（*Pygoscelis antarctica*）等。

南极植物区（holantarctic flora kingdom） 简称"南极区"，见"泛南极植物区"。

南温带海动物区（south temperate marine fauna） 范围北与热带海区相接，南抵南纬40°～60°间。动物种类较热带海区贫乏，但种群数量相当大，是重要的渔场。代表性动物有黑露脊鲸（*Eubalaena glacialis*）、毛皮海狮（*Arcto cephalus*）、新海豹（*Neophoca cinerea*）、冠企鹅（*Eudyptes crestatus*）、漂泊信天翁（*Diomedea exulans*）、海角鹱（*Daption capenses*）等。

内陆湿地和水域生态系统类型自然保护区〔nature reserve for inland wetland and water area （aquatic） ecosystem〕 以水生和陆栖生物及其生境共同形成的湿地和水域生态系统作为主要保护对象的自然保护区。

内在价值（intrinsic value） 见"存在价值"。

泥炭（peat） 是古代低温、湿地的植物遗体，被埋在地下，经数千万年的堆积，在气温较低、雨水较少或缺少空气的条件下，植物残体缓慢分解而形成的特殊有机物，多呈棕黄色或浅褐色。

泥炭地（peatland） 泥炭生成并沉积的地区。

逆行演替（regressive succession） 由于人为干扰或者气候变化的影响，生物群落结构趋于简单化，生产力逐渐下降，对环境的利用和改造能力逐渐弱化的过程。过度放牧与滥砍滥伐会导致逆行演替。通常，在人类活动的干扰下，逆行演替是短暂的，而在气候的影响下，逆行演替则是在巨大的范围内进行。

年龄结构（age structure） 一个种群中各年龄阶段个体数目的组成比例。根据种群的年龄结构可以分为增长型、稳定型和衰退型。

鸟类（bird） 前肢特化为翼，体表有羽毛，体温恒定，肌胸发达，骨骼薄、中空，卵生的脊椎动物类群。

鸟类环志（bird banding） 利用各种手段对鸟类个体进行标记，然后根据获得的标记数量研究其分布、迁徙、生活史和种群动态等的监测方法。

鸟类生态类群（avian ecological community） 以鸟的生活方式和栖息习性特征为依据的鸟类分类体系。一般分为游禽类、涉禽类、陆禽类、猛禽类、攀禽类、鸣禽类、走禽类和企鹅类。

农用种质资源原位保护点（in-situ protection zone for agricultural germplasm resources） 也叫"原生境保护点"，是为了在原始生境下就地保存和保护重要农用种质资源（野生稻、野生柑橘等）而人为依法划定进行保护管理的区域。

O

偶见种（accidental species；occasional species） 在某一生物群落或区域内出现频率很低的物种。

P

爬行类（reptile） 卵生，卵壳由石灰质或纤维质构成，卵内具有由羊膜、绒毛膜和尿囊组成的胚膜，体被角质鳞或硬甲、陆地繁殖的变温羊膜脊椎动物。分为喙头蜥目、龟鳖目、蜥蜴目、蛇目、鳄目等。

攀禽（climber） 指趾足发生多种变化，适于在岩壁、土壁、树干等处攀援生活的鸟类。一般包括夜鹰目、雨燕目、鹃形目、鹦形目、佛法僧目等。

偏途顶极（disturbance climax; disclimax） 由于某种干扰使真正的演替顶极受到改变或大部分物种为新物种所替代而形成的相对稳定的植物群落。也称为分顶极或干扰顶极。如，在内蒙古高原的典型草原区，过度放牧导致植物群落长期停留在冷蒿阶段。

漂鸟（rand bird） 指为觅食或者繁殖需要在一定区域内的不同生境间进行短距离迁徙的鸟类，如血雉（*Ithaginis cruontus*）、山麻雀（*Passer rutilans*）等常因气候和食物的关系进行不同生境间的移动。

Q

栖息地（habitat） 见"生境"，野生动物的生境特称栖息地。

栖息地管理（habitat management） 见"生境管理"。

栖息地恢复（habitat restoration） 见"生境恢复"。

栖息地片段化（habitat fragmentation） 见"生境破碎化"。

栖息地选择（habitat selection） 动物个体或群体为觅食、卧息、繁殖、迁移或逃避敌害等目的，在可到达的生境之中寻找某一相对适宜生境的过程。

旗舰种（flagship species） 自然界中具有较高的濒危等级和保护价值的特殊生物种类，并被公众普遍喜爱、可以激发大众自然保护意识的物种。例如大熊猫（*Ailuropoda melanoleuca*）、丹顶鹤（*Grus japonensis*）、扬子鳄（*Alligator sinensis*）等。

起源中心（center of origin） 某一生物种及其以上分类单元的发源地。也称发生中心。

气候顶极（climatic climax） 在一定区域的气候条件下演替发展最终形成的结构稳定的顶极群落。

气候资源（climate resources） 存在于自然界中，能为人类经济活动所利用的光、热、水与风等物质和能量的资源。

迁地保护（ex situ conservation）把生存和繁衍受到严重威胁的野生动植物转移到其天然分布区以外的适宜生境实施保护的方式。也指把极端濒危的野生动植物从原生境转移到条件良好的人工可控环境中进行管护、扩繁的保育措施。又称易地保护、异地保护。

迁移（migration） 由野生动物栖息地生存条件的变化或者其发育的周期性变化引起的动物进行一定距离移动的习性。野生动物在其生活周期的一定时期内以群体的形式进行的定向的、大规模的迁移活动称为迁徙。水生动物的迁徙也称为洄游。

前顶极（preclimax） 也称为"先锋顶极"，在一定的气候区域内，由于局部气候条件较好而产生的超越气候顶极的稳定的植物群落。例如，草原气候区域内，在较湿润的地方，出现的森林群落就是一个前顶极。

潜在分布区（potential distribution area） 某种生物可以生存和分布的，但由于阻限的存在而尚未分布的地区。

全北极植物区（holarctic flora kingdom） 简称"全北区"，见"泛北极植物区"。

群丛（association） 层片结构相同，各层片的优势种或共优种（标志种）相同的植物群落的联合体，是植被分类的基本单位。例如披针叶苔草－绒毛绣线菊－蒙古栎林。

群丛组（association group） 凡是层片结构相似，而且优势层片与次优势层片的优势种或共优种、标志种相同的植物群落联合体，是群系以下的一个辅助分类单位。如兴安落叶松林群系中，杜鹃－兴安落叶松林就是一个群丛组。

群落（community） 亦称"生物群落（biological community）"。一定空间内所生活的各种生物种群（包括动物、植物、微生物等）的自然组合。群落的基本特点为：占据一定生境空间，具有相对独立的结构和机能，不同生物种群之间及其与环境之间具有特殊的相互作用。

群落演替（community succession） 生物群落按照一定规律演变的过程，即某一地段上的一种生物群落类型有顺序的被另一种生物群落类型所取代的过程。按演替发生的起始条件可分为原生演替和次生演替两种类型，按照演替的方向又可分为进展演替和逆行演替，等等。

群系（formation） 建群种或共建种相同的植物群落的联合体，是植被分类系统的主要中级单位。例如华北落叶松林、蒙古栎林、大针茅草原、白梭梭荒漠等。

群系组（formation group） 在植被型或植被亚型范围内，根据建群种亲缘关系近似（同属或相近属）、生活型近似或生境相近而划分植被分类单位。如典型常绿阔叶林（植被亚型）可以分为栲类林、青冈林、石栎林、润楠林等群系组。

Q

R

热带海动物区（tropical sea fauna） 范围位于北纬 40° 和南纬 40° 之间，占据太平洋和印度洋的绝大部分地区，总面积超过其他各区的总和。本区的动物区系组成丰富，特产种类多。代表性动物有抹香鲸（*Physeter catodon*）、鲣鸟属（*Sula*）、飞鱼属（*Exocoetus*）、石斑鱼属（*Epinephelus*）等。

热带界（埃塞俄比亚界）（Ethiopian realm） 大陆动物地理区之一，包括阿拉伯半岛南部，撒哈拉沙漠以南的整个非洲大陆及马达加斯加、毛里求斯岛等地区。代表性动物有非洲鸵鸟（*Struthio camelus*）、跳羚（*Antidorcas marsupialis*）、倭河马（*Choeropsis liberiensis*）等。

人工促进天然更新（human-aid natural regeneration） 为种子生产、种子萌发和幼苗幼树生长等创造有利条件，以保证森林天然更新的各项人为措施。

人工林（artificial forest） 采用人工播种、栽植或扦插等方法和技术措施营造培育而成的森林。

人工渔礁（artificial fish bank） 指为增加渔获量，改善生态系统平衡，人为在海底设置的各种适于动物集群和栖息的固定物体。按其物质构成有混凝土渔礁、石块渔礁、废旧车船渔礁、旧轮胎渔礁等。

人文旅游资源（cultural tourism resources） 由各种社会环境、人民生活、历史文物、文化艺术、民族风情等构成的反映各时代、各民族政治、经济、文化和社会风俗民情状况，具有旅游功能的事物和因素。包括各种历史古迹、古今建筑、田园风光、民族风俗等。

溶洞（karst cave） 石灰岩地区地下水长期溶蚀而形成的天然洞穴。

入侵物种（invasive species） 进入其自然分布范围以外的地区并能繁衍后代，且具备迅速扩散能力，进而对当地自然、社会和经济产生威胁的物种。

S

3S 技术（3S technology） 遥感（Remote Sensing，RS）、地理信息系统（Geographic Information Systems，GIS）和全球定位系统（Global Positioning Systems，GPS）的统称，是空间技术、传感器技术、卫星定位与导航技术和计算机技术、通讯技术相结合，多学科高度集成的对空间信息进行采集、处理、管理、分析、表达、传播和应用的现代信息技术。

"三有"动物（the species of terrestrial wildlife which are beneficial or of important economic or scientific value） 有益的和有重要经济、科学研究价值的陆生野生动物。

伞护种（umbrella species） 生境需求能够涵盖其他物种生境需求的物种，因而对该物种保护的同时也为其他物种提供了保护伞。伞护种常被用于确定被保护生境的类型和面积。

森林（forest） 自然保护区中森林一般指乔木占优势的植物群落组成的植被，典型森林群落的林冠覆盖度应大于等于30%。《中华人民共和国森林法实施条例》（2000年）中，森林指郁闭度0.2以上的乔木林和竹林、国家特别规定的灌木林、农田林网以及村旁、路旁、水旁、宅旁林木。

森林公园（forest park） 以良好的森林景观和生态环境为主体，融合自然景观和人文景观，具有一定面积和保护价值，可供人们游览、度假、休憩、保健疗养或进行科学研究、文化、教育活动，经过国务院林业行政主管部门批准建立的特定森林区域。

森林认证（forest certification） 指通过制定受到广泛认可的森林经营原则和标准，来促进世界范围内对环境负责、对社会有利和经济上可行的森林可持续经营的一种工具。

森林生态系统类型自然保护区（nature reserve for forest ecosystem） 以森林生物群落及其生境所形成的自然生态系统作为主要保护对象的自然保护区。

森林蔬菜（forest vegetable） 指森林中生长的能够作为蔬菜食用的野生菌物和野生植物的芽、茎、叶、花等。

森林碳固定（forest carbon sequestration） 指森林植物通过光合作用将大气中的二氧化碳吸收并固定在植被与土壤当中，从而减少大气中二氧化碳浓度的过程。

森林碳计量（forest carbon account） 对现有森林的碳储量进行测量和核查的过程。

森林资源（forest resources） 森林、林木、林地以及依托森林、林木、林地生存的各种野生动物、植物和微生物等生物类群。

珊瑚礁（coral reef） 以珊瑚骨骼为主骨架，辅以其他造礁及喜礁生物的骨骼或壳体所构成的钙质堆积体。有岸礁、堡礁和环礁三种类型。

社区（community） 定居于某个地域上一定人群的共同生活体。自然保护区的社区是指居住在自然保护区内及其周边，并影响自然保护区管理活动结果的社会实体。

S

社区共管（community co-management）社区参与自然保护区保护管理方案的制订、实施和评估的过程。

涉禽（wader）指通常在沼泽和水边生活，腿、颈和喙较长，适于涉水行走和在水较深处取食，不适合游泳，休息时常一只脚站立的鸟类。一般包括鹤形目、鹳形目、鸽形目等。

生活型（life form）物种对自然环境长期适应而形成的外貌上相同或相似的类型，是不同物种对相同环境趋同适应的结果。植物生活型分为乔木、灌木、竹类、藤本植物、半灌木和小半灌木、多年生草本植物、一年生草本植物、附生植物、寄生植物、腐生植物、水生植物和叶状体植物11个一级类型；下分为常绿针叶乔木、落叶针叶乔木、常绿阔叶乔木、落叶阔叶乔木等41个二级类型。

生活型谱（life form spectrum）某一地区或某一植物群落中全部物种所属各类生活型的百分率组成。如乔木、灌木、多年生草本、一年生草本等种类数占全部种类的比例。

生计替代（livelihood substitution）以环境友好并经济效益明显的项目代替现有低水平的生产生活方式，明显改善社区的生计水平，促进自然保护区与社区和谐发展的经营管理方法。

生境（habitat）亦称"栖息地"。生物个体、种群能够正常生活或繁衍后代的场所。

生境管理（habitat management）亦称"栖息地管理"。采取各种人为措施维护、修复或改造野生生物生境以利于其种群生存和繁衍的过程。

生境恢复（habitat restoration）亦称"栖息地恢复"。采取人为措施使野生生物的退化生境逐渐接近其原生状态的过程。

生境破碎化（habitat fragmentation）亦称"栖息地片段化"。生境的连续性被破坏的结果，既包括由生境斑块构成的空间格局，也包括产生这种空间格局的过程。

生境淹没（habitat flood）由于水利水电等工程设施的建设，导致原有陆生野生生物的生境或水生生物的产卵场等区域被水淹没的现象。

生态安全（ecological safety）生态系统自然平衡状态和生态环境的稳定性不被破坏。

生态补偿（environmental payment；ecological ompensation）通过行政干预手段，使生态效益受益者向生态效益源所有者和经营者进行经济补偿。为保证生态补偿的正常和顺利实施而设立的专项基金称为生态补偿基金。

S

生态对策（natural strategies） 见"自然对策"。

生态幅（ecological amplitude; ecological valence） 生物耐受或适应生态因子变化的范围。各种生物对生态因子的耐受范围不同，根据耐受范围的幅度，把生物分为广生态幅生物和狭生态幅生物。

生态公益林（ecological forest） 为维护和改善生态环境，保持生态平衡，保护生物多样性等满足人类社会的生态、社会需求和可持续发展的主题功能，提供公益性、社会性产品或服务的林地。一般包括水源涵养林、水土保持林、防风固沙林和护岸林等。

生态过程（ecological process） 生态系统的组成、结构和功能的时空变化以及生态系统中各生物组分之间及其与环境之间的相互作用或相互关系。

生态基流（ecological base flow） 维持河流生态系统运转的基本流量。

生态交错区（ecotone） 相邻群落或生态系统之间的过渡带，既具有自身特征也具有两种相邻群落或生态系统的特征，其物种数目和物种密度一般要比相邻群落或生态系统大。

生态廊道（ecological corridor） 见"生物廊道"。

生态伦理（ecological ethics; eco-ethics） 为了人类的可持续发展和全社会普遍惠益，人们在开发、利用、分配与消费自然资源的活动中应当遵从的尊重自然、善待自然的道德规范与行为准则。

生态旅游（ecotourism） 以享受大自然、了解自然景观、野生生物及相关文化特征为旅游目的，以不改变生态系统的结构和功能、不破坏自然资源和环境为宗旨的可持续的旅游活动。使当地居民受益的旅游活动。

生态旅游规划（ecotourism plan） 为实现一定时空尺度内生态旅游的发展目标，确定生态旅游发展方向、发展规模、实施步骤等方面的行动计划与措施的过程。

生态旅游资源（ecotourism resources） 以体现人与自然和谐的生态美（自然生态、人文生态）为特色，以自然景观、生物多样性和生态过程等作为旅游吸引物，具有较高观赏价值，可以吸引游客前来进行旅游活动，并在遵循自然规律的前提下，能实现环境的优化组合、物质能量的良性循环、经济和社会协调发展，能够产生可持续的旅游综合效益的旅游活动对象物。

生态位（niche） 指在自然生态系统中一个物种在时间和空间上的位置、与相邻种间的机能关系及其对生态系统的贡献。

生态位宽度（niche breadth） 一个生物学单位（个体、种群或物种）所利用的各类资源的总和。

生态系统（ecosystem） 在一定时间和空间范围内的各种生物与非生物环境因子通过物质循环和能量流动而相互依存、相互作用，共同构成的一个具有自动调节机制的生态结构和功能单位，包括无机环境、生产者、消费者和分解者4个基本成分。

生态系统多样性（ecosystem diversity） 指全球或某区域的生态系统组成、功能及其生态过程的多样性。

生态系统服务（ecosystem service） 生态系统的组成部分和生态过程中所产生的物质及其所维持的良好环境对人类的服务性能。

生态系统管理（ecosystem management） 通过对生态系统组成成分和结构的调控，以维持或恢复生态系统的健康，使其长期发挥正常的服务功能。

生态系统恢复（ecosystem restoration） 通过重建受损的食物链、引入生态关键种、修复退化生境等人工辅助措施，恢复健康生态系统的结构和功能。

生态系统健康（ecosystem health） 指生态系统的完整性和稳定性状态。

生态系统完整性（ecosystem integrity） 生态系统具有一个区域处于自然生境条件下所能期望的全部的成分和过程，并且支撑或维持这些成分完整和过程平衡的能力。

生态系统稳定性（ecosystem stability） 生态系统抵抗变化、干扰和保持自身平衡的能力。包括生态系统抵抗力和生态系统恢复力两方面，前者是指生态系统遇到扰动时维持原状态的能力，后者是指在被扰动之后恢复到原状态的能力。

生态效益（ecological benefit） 自然生态系统及其生态过程所形成的维持人类赖以生存的自然环境条件及其提供的服务。

生态型（ecotype） 同一物种的不同种群适应不同生境条件而形成的具有一定形态、生理和遗传特征变异的种群类型。如，分布在高山林线以上的西藏圆柏多呈灌木状，而分布在高山林线以下的西藏圆柏多呈乔木状；山顶部分布的白桦呈矮曲状，而山坡分布的白桦则呈乔木状。

生态养殖（ecological culture） 根据不同养殖生物间的共生互补原理，利用自然界物质循环系统，在一定的养殖空间和区域内，通过相应的技术和管理措施，使不同生物在同一环境中共同生长，实现保持生态平衡、提高养殖效益的一种养殖方式。

生态移民（ecological relocation） 从改善和保护生态环境、发展经济的立场出发，把原来位于生态脆弱地区内高度分散的人口，通过

S

移民的方式集中到生态脆弱地区之外，形成新的村镇，使该地区达到人口、资源、环境和经济社会的协调发展。自然保护区内的生态移民通常指把核心区和缓冲区内的居民迁移到实验区或自然保护区以外，以恢复主要保护对象的生境、减少人类活动的干扰。

生态因子（ecological factors） 环境中对生物生长、生活、繁殖等生命活动具有直接或间接影响的各种因素。可分为气候因子（如光、热、降水、大气等）、地理因子（如纬度、经度、海拔、地形、地质等）、土壤因子（如质地、酸碱度、含水量、养分含量等）、生物因子（动物、植物、微生物等）和人为因子（如开垦、采伐、引种、栽培等）等。

生态影响评价（ecological impact assessment） 定量揭示与预测人类活动对自然资源和自然环境影响的过程与结果。

生态占用（ecological footprint） 见"生态足迹"。

生态足迹（ecological footprint） 亦称"生态占用"。指维持一个人、地区、国家或者全球的生存所需以及能够吸纳人类所排放的废物、具有生态生产力的地域面积。是对一定区域内人类活动的自然生态影响的一种测度。

生物安全（biosafety） 在生物技术研究、应用以及生物技术产品研究、开发、商品化生产过程中发生的可能会危及生物多样性、环境和人类健康的安全性问题。也指人工饲养动物和栽培植物逃逸造成野生生物的基因污染，以及外来物种造成本地物种基因污染或灭绝。

生物地理界（biogeographic realm；biogeographic kingdom） 亦称"生物地理区（biogeographic region）"：生物地理区域划分的最高级分类单位，是在地理区、动物区系和植被上具有一致特点的地区。相当于动物区系划分中的动物地理界（realm）和植物区系划分中的植物区（kingdom）。

生物地理区（biogeographic region） 见"生物地理界"。

生物地理省（biogeographic province） 生物地理区域划分中生物地理界下的单位，根据动植物区系和植被特征划分的区域。相当于动物区系分区中的省（faunal province）和植物区系分区中的区（region）。

生物多样性（biodiversity；biological diversity） 一定地区的各种生物以及由这些生物所构成的生命综合体的丰富程度，包括遗传多样性、物种多样性、生态系统多样性等多个层次。

生物多样性保护区域（biodiversity conservation region） 将生物多样性保护与持续利用密切结合，并使生物多样性保护与经济建设同步发展而设计的生物多样性保护与管理的区域，一般包含自然保护区与周边地区。

生物多样性保护优先区（biodiversity conservation priorities） 综合考虑生态系统类型的代表性、特有程度、特殊生态功能，以及物种的丰富程度、珍稀濒危程度、受威胁因素、地区代表性、经济用途、科学研究价值、分布数据的可获得性等因素，在我国划定了 35 个生物多样性保护优先区域，包括大兴安岭区、三江平原区、祁连山区、秦岭区等 32 个内陆陆地及水域生物多样性保护优先区域，以及黄渤海保护区域、东海及台湾海峡保护区域和南海保护区域等 3 个海洋与海岸生物多样性保护优先区域。

生物多样性价值评估方法（evaluation methods of biodiversity value） 用货币计量生物多样性价值的各种方法，可以分成直接市场法、替代市场法和意愿调查评估法 3 类。

生物多样性监测（biodiversity monitoring） 设置永久性植物群落样地和野生动物样点、样线或样带，定期调查并记录野生动植物种类、分布、数量及其生境特征等指标。

生物多样性经济价值（economic value of biodiversity） 生物多样性及其相关的各种生态过程所提供的经济价值，包括使用价值和非使用价值。其中使用价值包括直接使用价值和间接使用价值；非使用价值包括选择价值、遗产价值和存在价值等。

生物多样性热点地区（biodiversity hotspots） 在一定的地域内，天然植被完整、生物区系复杂、特有种较多、濒危物种较集中或遗传资源较丰富的地区。保护国际（CI）在全球划出 34 个生物多样性热点地区，中国特有 1 处，即"中国西南山地"；和其他地区分享 3 处，包括：东南亚大陆（含我国云南，海南，广东，广西在热带的部分）、东喜马拉雅（含我国西藏的东南林区）和中亚山区（含我国新疆的帕米尔高原和天山地区）。

生物多样性影响评价（biodiversity impact assessment） 对大型建设项目或区域开发计划可能造成的生物多样性影响进行预测和评估，并提出预防或者减轻不良环境影响的对策和措施的过程。

生物防治（biological control） 利用生物和生物技术来抑制或消灭有害生物的防治方法。

生物监测（biological monitoring） 利用生物个体、种群或群落对环境污染和生态环境破坏的反应来定期调查分析环境质量及其变化。

S

生物廊道（biological corridor） 亦称"生态廊道（ecological corridor）"。连接隔离生境斑块并适宜生物生存、扩散和基因交流等活动的生态走廊。

生物量（biomass） 在一定时间内，生态系统中某些特定组分在单位面积上所产生物质的总量。

生物气候带（bioclimatic zone） 生物与气候相适应而形成的带状地域，在山地海拔高度上表现为垂直生物气候带。

生物圈（biosphere） 地球表面存在生命的薄层，即地球上所有植物、动物和微生物等生命有机体及其占据的空间。包括海平面以上约10000米至海平面以下10000米处，涵盖大气圈的下层，岩石圈的上层，整个土壤圈和水圈。

生物圈保护区（biosphere reserve） 联合国教科文组织（UNESCO）开展的人与生物圈计划（MAB）的重要组成部分，是指受到保护的陆地、陆地水体、海岸带或海洋生态系统的代表性区域。其不仅具有一般自然保护区所具有的保护功能，还具有促进资源可持续利用和自然保护区与社区协调发展的功能，以及开展科学研究、教育、监测、培训、示范和信息交流等功能。加入"世界生物圈保护区网络"的称为世界生物圈保护区，加入"中国生物圈保护区网络"的称为中国生物圈保护区。

生物群落（biological community） 见"群落"。

生物入侵（biological invasion） 外来物种在当地适宜的环境和缺少天敌的条件下，得以迅速增殖，扩大分布区，并形成对本地自然、社会和经济产生威胁的生态过程。

生物资源（biological resources；living resources） 有生命的自然资源，包括生长在自然界中的能够直接或间接被人类利用的动物、植物、微生物及其他各种类型的生命形式。

省级重点保护物种（the wildlife under special provincial protection） 由省级政府正式公布、要求重点保护的物种，主要是各省、自治区、直辖市发布的重点保护动物名录和重点保护植物名录中收录的物种。包括省域范围内数量稀少、分布范围狭窄的物种，具有重要经济、科研、文化价值的受威胁种，重要作物的野生种群和有遗传价值的近缘种，或有重要经济价值但因过度利用导致数量急剧减少的物种。

湿地（wetland） 天然或人工的、长久或暂时的沼泽地、泥炭地或水域地带，包括低潮时水深不超过6米的海域。可分为近海与海岸湿地、河流湿地、湖泊湿地、沼泽湿地和人工湿地 5 大类。

湿地公园（wetland park）　拥有一定
规模和范围，以湿地景观为主体，
以湿地生态系统保护为核心，兼顾
湿地生态系统服务功能展示、科普
宣教和湿地合理利用示范，蕴涵一
定文化或美学价值，可供人们进行
科学研究和生态旅游，予以特殊保
护和管理的湿地区域。

湿地植被（wetland vegetation）　在湿
地上生长、由湿生植物和水生植
物为主的群落组成的植被类型。

湿生植物（hydrophyte）　指在潮湿环
境中生长，不能忍受较长时间的
水分不足，抗旱能力最小的陆生
植物。如，灯芯草（*Juncus effusus*）、
半边莲（*Lobelia radicans*）、毛茛
（*Ranunculus* spp.）等。

实验区（experiment zone）　为探索
自然资源保护与可持续利用有
效结合的途径，在自然保护区中
区划出来的一个区域，适度集中
建设和安排科学实验、教学实
习、参观考察、经营项目与必要
的办公、生产生活基础设施。实
验区可根据实际情况再划分为
生产经营小区、生态旅游小区、
科学实验小区、生活办公小区、
教学实习小区等。

食物链（food chains）　生态系统中的
自养生物、食草动物、食肉动物
等不同营养层次的生物，通过捕
食关系而构成的单向链状关系。

食物链的物质或能量以线性方式
单向流动。

食物网（food nets；food webs）　食
物链各环节彼此交错联结，将生态
系统中各种生物直接或间接地联
系在一起形成的复杂网状关系。

食物源基地（food base）　为了缓解
野生动物的食物匮乏、减少人与
野生动物冲突，在自然保护区内
建设的食物补给区。一般是通过
人工种植野生动物喜食的植物或
农作物，将野生动物在适当时间
吸引到该区域来取食。

食性（food habit；feeding habit）　在
自然情况下的取食习性，包括食
物的种类、性质、来源和获取食
物的方式等。

世界文化和自然遗产地（world mixed
cultural and natural heritage site）
指符合《保护世界文化和自然遗
产公约》（Convention Concerning
the Protection of the World
Cultural and Natural Heritage） 的
规定，同时被列入世界自然遗产
名录和世界文化遗产名录的区
域。世界文化遗产是指被列入世
界文化遗产名录，具有重要历史、
艺术、科学或美学价值的文物、
建筑或遗址等。

世界自然遗产地 （ world natural
heritage site）　指符合《保护世界文
化和自然遗产公约》（Convention
Concerning the Protection of the

S

World Cultural and Natural Heritage）的规定，具有重要科学、保护或美学价值的生物遗迹、地质和自然地理构造、受威胁动植物的生境、天然名胜等列入到《世界自然遗产地名录》的自然地域。符合下列条件之一可被确定为世界自然遗产：从美学或科学角度看，具有突出、普遍价值的由地质和生物结构或这类结构群组成的自然面貌；从科学或保护角度看，具有突出，普遍价值的地质和自然地理结构以及明确划定的濒危动植物物种生态区；从科学、保护或自然美角度看，具有突出、普遍价值的天然名胜或明确划定的自然地带。

适应性管理（adaptive management）适应自然保护区保护对象的生存需求和面临威胁的变化所采取的动态管理措施。

受偿意愿（willingness to accept compensation） 为了保护生物多样性和生态环境而放弃传统的生产和生活方式，经济效益源所有者或经营者提出的经济补偿要求。

兽类（mammal） 见"哺乳类"。

数据不足种［data deficient（DD）species］ 无足够的生物学资料而不能对其野外灭绝的风险进行直接或间接评估的物种。

水产种质资源保护区（protection zone for aquatic germplasm resources）指为保护水产种质资源及其生存环境，在具有较高经济价值和遗传育种价值的水产种质资源的主要生长繁育区域，依法划定并予以特殊保护和管理的水域、滩涂及其毗邻的岛礁、陆域。

水生植物（aquatic plant） 整体或部分植株生长在水中或水面，通气组织发达，生活史的部分或全部在水环境中完成的植物。包括浮游植物、沉水植物、浮水植物、挺水植物等。

溯河洄游（anadromous migration;anadromy） 水生动物在海洋中生长、性成熟时到淡水水域产卵繁殖的洄游。

索饵场（feeding ground） 水生动物集群觅食索饵的水域。河口湾、寒暖流交汇处等有机质、营养盐类丰富饵料生物量高的水域为鱼类集群索饵的主要场所。

T

苔藓植物（bryophyte） 指配子体呈叶状体，可独立生活，有假根、茎、叶的分化，以孢子繁殖，无维管束的植物。可分为苔纲和藓纲。

苔原（tundra） 见"冻原"。

碳汇（carbon sink） 一般指从空气中清除二氧化碳的过程、活动和机制。也指碳吸收量超出释放量的生态系统或区域，如森林、海洋等。

碳足迹（carbon footprint） 指企业机构或个人在各类生产和消费过程中所引起的温室气体排放的集合。也指一个人的能源意识和行为对自然界产生的影响，简单地讲就是指个人或企业的"碳耗用量"。

特有种（endemic species） 由于地质历史原因或生态因子的作用，仅分布于某个特定地区内而在其他地区没有自然分布种群的动植物物种。

特征种（characteristic species） 仅限于分布在某一生物群落内的，对该群落分类单位具有指示作用的物种。

替代性市场法（surrogate market method） 运用现实生活中可以观察和度量并可以运用货币价格加以测算的某类商品与劳务的价格，来衡量缺乏直接市场定价的生物多样性价值的一种方法。

天然林（natural forest） 指自然发生的森林，包括原生林和次生林两种。

土地覆盖图（land-cover map） 表现土地自然面貌和人类开发利用状况、特点及其区域结构特征的专题地图。与土地利用图相似，差别在于土地覆盖图注重地表的自然状况，不附加生产技术措施和经济发展规划的指标。其内容包括耕地、林地、草地、水域、居民点、工矿交通用地、沙漠、冰川雪被等的分布状况。

土地类型（land type） 地表各组成要素（包括地质、地貌、气候、水文、土壤、植被以及人类活动作用的结果等）遵循地域分异规律，相互作用、相互制约所形成的性质均一的土地单元，是包括各种自然要素在内的自然综合体。我国的土地按照土地利用现状分为耕地、园地、林地、草地、商服用地、工矿仓储用地、住宅用地、公共管理与公共服务用地、特殊用地、交通运输用地、水域及水利设施用地、其他土地等12大类。

土地利用图（land-use map） 用以表明一定区域内各种土地类型位置、大小及范围的地图。

土壤顶极（edaphic climax） 在土壤因素的作用下，植物群落在演替过程中偏离正常的演替序列，形成与土壤特征相适应的顶极群落。如在草原的低洼碱性湿地上形成的盐草沼泽。

土著物种（native species, indigenous species） 见"本地种"。

退耕还林（conversing farm land to woodland） 把不适应于耕作的农地有计划地转换为林地的过程。不适应耕作的农地主要指坡度在25°以上的坡耕地。

退耕还湿（conversing farm land to wetland） 将围湖造田、沼泽拓荒

等不合理开垦的耕地重新转换为湿地的过程。

退牧还草（conversing grazing land to grassland） 通过搬迁禁牧、围栏禁牧、聚居休牧、封山育草等方式，将开展放牧的草原草甸保护起来，以恢复天然草地植被的过程。

W

外来物种（alien species; exotic species） 在自然分布范围及扩散能力以外地区生存或繁衍的物种，对该地区而言是外来物种。

外围保护地带（outside buffer zone） 在自然保护区外划定的、主要对自然保护区建设与管理起增强、协调、补充作用的保护地带。

威胁管理（threat management） 调查分析保护对象面临的主要威胁因素，制定威胁解决方案，并实施和监测的管理过程。

围网养殖（seine culture） 通过人工建立网箱等围网设施对水生生物集中进行人工培养的经营方法。

维管束植物（vascular plant） 植物体内有维管组织分化的植物类群，也称维管植物。包括蕨类植物、裸子植物和被子植物。维管束是植物体内运输水分、无机盐和有机物质的束状组织。

纬度地带性（latitudinal zonality;latitudinal zonation） 指气候、水文、生物和土壤等自然要素以及自然带大致沿纬线方向带状伸展并按纬度变化方向逐渐替代的分布规律。其形成原因是地球球形体导致到达地面的太阳辐射在各纬度分布不均；各纬度热量条件的差异，使受其影响的自然地理现象也按纬度分布。

卫星跟踪（satellite tracking） 利用卫星定位跟踪野生动物的方法。一般是利用安装在野生动物身上的信号发射器和搭载在卫星上的信息接收器，跟踪监测野生动物的活动规律。

未评估种［not evaluated （NE） species］ 未应用有关标准对其生存状况进行评估的物种。

温泉（hot spring） 一种由地下自然涌出的、水温高于环境年平均温5℃，或华氏10℉以上的泉水。

无线电遥测（radio telemetry） 通过在野生动物身上安装无线电发射器，利用无线电波接收器在远离野生动物的地方自动跟踪监测野生动物活动规律的方法。

物理防治（physical control） 是利用简单工具和各种物理因素，如光、热、电、温度、湿度和放射能、声波等防治病虫害等生物灾害的措施。

物种（species） 指可以互交繁殖的

W

相同生物形成的自然群体，与其他群体之间存在生殖隔离。

物种多样性（species diversity） 某一地区在特定时间内所生存的生物物种的丰富程度。

物种丰富度（species richness） 一个区域内所有物种的数目或某特定类群的物种数目。

物种红皮书（species red data book） 介绍濒危物种的受威胁情况，并提出危机警示的研究报告。

物种红色名录（species red list） 一个地区或国家的濒危或受威胁物种的名录。采用 IUCN 物种濒危等级标准，标注物种灭绝、野外灭绝、极危、濒危、易危等处于不同受威胁程度的物种名录。包括 IUCN 物种红色名录、中国物种红色名录等。

物种基因库（species bank） 遗传多样性和物种多样性特别丰富的自然区域。

物种栖息地保护区（habitat/species management area） 为保护特定物种及其栖息地而建立的保护区。允许采取各种管理措施保证物种的生存和繁衍，维持栖息地的稳定性。属于 IUCN 保护区分类体系的 IV 类。

物种受威胁等级（categories of threatened species） 根据物种濒于灭绝的风险和受威胁程度而评定的等级。世界自然保护联盟（IUCN）把物种受威胁程度划分为灭绝、野外灭绝、局部灭绝、极危、濒危、易危、渐危、数据不足、需关注、未评估、不宜评估等 11 个级别。

X

稀有性（rarity） 自然保护区内物种、群落、生境、生态系统等在一定时空范围内的独特程度。

稀有种（rare species） 分布范围狭窄且种群数量很少的珍稀物种。

下泄流量（minimum discharge volume） 为了满足大坝下游河道水生态环境最小用水量要求，而必须保持的大坝下泄的最小水量。

先锋顶极（preclimax） 见"前顶极"。

显域性植被（zonal vegetation） 见"地带性植被"。

限制因子（limiting factors） 对生物生长、发育、繁殖或扩散起限制作用的生物或非生物因子。如，淡水鱼类放入咸水中会很快死亡，其中，水中的盐分就是一种限制因子。

乡土物种（native species, indigenous species） 见"本地种"。

小生境（micro-habitat） 某物种或某些生物类群生活、繁衍所需要的特殊小环境。

新北界（nearctic realm） 大陆动物地理区之一，包括美国、加拿大和墨西哥北部地区。代表性动物有美洲野牛（*Bison bison*）、北美河狸（*Castor canadensis*）、北美驯鹿（*Rangifer canbou*）等。

新记录种（new record species） 在一定区域范围内首次发现、记录的物种。

新热带界（neotropical realm） 大陆动物地理区之一，包括中美、南美大陆、墨西哥南部以及西印度群岛等地区。代表性动物有新袋鼠（*Caenolestidae fuliginosus*）、大美洲鸵（*Rhea americana*）、棕灶鸟（*Furnarius rufus*）等。

新热带植物区 （neotropical flora kingd- om） 大陆植物区系分区之一，包括佛罗里达半岛最南部、中美洲、南美洲的大部（至南纬30°）及附近热带岛屿。简称新热带区。植物种类丰富度居各区首位，未分植物亚区。

性比（sex ratio） 指种群中雄性个体和雌性个体数目的比例。

兄弟保护区 （brotherhood nature reserves） 见"姊妹保护区"。

休眠（dormancy） 有机体在不利环境条件下所处的一种不活动状态。当环境条件变好时能立即恢复生长发育。动物的休眠主要有冬眠、蛰伏等；植物的休眠表现为落叶、滞育等。

需关注种［least concern（LC）species］ 未有确切的数据列为受威胁种，

但生存环境的发展对其不利，需给予必要的关注，以免其向受威胁方向发展的物种。

选择价值（optional value） 当代人为了后代能够利用生物多样性资源或某些功能而愿意支付的价值。如，物种的遗传种质资源具有选择价值。

驯化（acclimatization; domestic action） 人类把野生动植物培育成家养动物或栽培植物的过程。

Y

亚顶极（subclimax） 演替过程中由于自然或人为原因而不是气候原因，在达到气候顶极以前，处于一个相对稳定的演替阶段的植物群落。如内蒙古高原典型草原气候顶极是大针茅草原，但松厚土壤上的羊草草原是在大针茅草原之前出现的一个比较稳定的阶段，即为亚顶极。

亚群丛（subassociation） 反映群丛内由于生态条件的差异，或发育年龄上的差异产生的区系成分、层片配置、动态变化等方面若干细微变化的群丛以下的低（亚）级单位。

亚群系（subformation） 生态幅度比较宽的群系中，根据优势层片及其反映的生境条件的差异而划分的亚级分类单位。如羊草草原，可以分出羊草+中生杂类草、羊草+丛生禾草、羊草+盐中生杂类草等三个亚群系。

亚种（subspecies） 种内占据特定地理亚区或宿主不同并与该种内其他个体有一定形态差异的类群。多用于动物分类。

亚种群（subpopulation） 亦称"局域种群（local population）"。适应于特定生境或局部条件的某一物种的所有个体。局域种群中的个体之间存在频繁的相互作用和交流，如竞争、繁殖行为等。

严格的自然保护区（strict nature reserve） 拥有典型的生态系统、自然地理特征或生物物种，主要用于科学研究、教育和环境监测目的的自然保护区。该类保护区需要进行严格管理，主要是在尽可能排除人为干扰的情况下，保存自然生态系统、物种及其生境的自然性，维持自然生态过程。属于世界自然保护联盟（IUCN）保护区分类体系的 Ia 类。

盐生植物（halophyte） 能在高含量可溶性盐（主要为氯化钠）的环境（包括土壤、沼泽、水域）中生长并完成其生活史的植物。

遥感影像（remote sensing image） 以胶片、磁带等为载体记录各种地物电磁波大小的摄影照片或扫描照片。

药用生物（medicinal organisms） 指具有药用价值的生物，包括已经作为药材或者作为药物来源的生物，以及含有活性化合物、具有潜在药用前景的生物。

野化（re-wilding） 是指在模拟自然生态条件下，将人工繁育的受保护动物进行人工控制条件下的野外训练，待其逐步适应野外环境后，再放归其历史分布区的过程。

野生动物（wild animal；wildlife） 天然分布在自然环境中的动物种或其种群。出于保护、管理和科研等目的，人工驯养但尚未形成明显遗传变异的动物种或其种群也被称为野生动物。

野生动物廊道（wildlife corridor） 在野生动物的重要活动区域，为保障野生动物迁移和扩散等活动而建造或保留的通道，分为野生动物通道和野生动物生境廊道两种类型。

野生动物类型自然保护区（nature reserve for wild animals） 以野生动物，特别是珍稀濒危动物和重要经济动物种群及其栖息地为主要保护对象的自然保护区。

野生动物区系（wild fauna） 见"动物区系"。

野生动物生境廊道（wildlife habitat corridor） 为连接重要的栖息地斑块而划定保护的适宜野生动物生活、迁移和基因交流等活动的生态走廊，一般由主廊道和辅廊道两部分组成。

Y

野生动物通道（animal passage；wildlife path） 为保证野生动物能够穿越铁路、公路、草原围栏、水渠等建筑物和构筑物而建造或保留的通道。

野生动植物保护区（refuge） 天然存在的或人为提供的、能使野生生物免受捕食者袭击或不良环境条件损害的适宜栖息地。

野生亲缘种（wild relative） 分类上与栽培作物或家养动物有亲缘关系的植物种或动物种，可用于栽培作物或家养动物新品种育种工作中基因的潜在来源。

野生生物（wildlife） 亦称"野生物种 wild species"。天然分布在自然环境中的各种生物。出于保护、管理和科研等目的，人工驯养但尚未形成明显遗传变异的野生动物也被认为野生物种。

野生生物管理（wildlife management） 对野生生物的个体、种群和生境实施人工干预措施，以保证野生生物正常生存繁衍及生境的持久稳定性。

野生生物类自然保护区（nature reserve for wildlife） 以野生生物物种，尤其是珍稀濒危种种群及其自然生境为主要保护对象的自然保护区，包括野生动物和野生植物两个类型自然保护区。

野生物种（wild species） 见"野生生物"。

野生植物（wild plant） 天然生长在自然环境中的植物种。

野生植物类型自然保护区（nature reserve for wild plants） 以野生植物，特别是珍稀濒危植物和重要经济植物种群及其自然生境为主要保护对象的自然保护区。

野外灭绝种［extinct in the wild（EW）］ 仅生活在栽培或圈养条件下或仅存一个（或多个）驯化种群，且驯化种群远离其过去分布区的物种。

遗产价值（heritage value） 一般指生物及其衍生物所记录的生物演化历史上的信息所具有的价值。有些动植物物种在生物演化历史上处于十分重要的地位，对其开展研究有助于搞清生物演化的过程。如银杏、水杉等孑遗物种。

遗传多样性（genetic diversity） 存在于植物、动物、微生物等生物体中决定性状的遗传因子及其组合的多样性，表征一个物种的分化程度，如亚种、变种、变型和地理小种都是物种分化的结果。

遗传资源（genetic resources） 可供人类利用的植物、动物或微生物的遗传材料。又称"基因资源"。

易危种［vulnerable（VU）species］ 虽未达到极危或濒危，但在未来发生野外灭绝的概率较高，符合IUCN 物种受威胁等级"易危标准"的物种。

意愿调查评估法（contingent valuation method） 利用被调查者的支付意愿或受偿意愿来评估生物多样性价值的一种方法。

异质种群（metapopulation） 见"集合种群"。

引入（introduction） 人类将生物个体及其所有可能存活和繁殖的部分、配子或繁殖体等转移到自然分布范围及扩散能力以外地区的过程或现象。包括有意引入和无意引入。

营养级（trophic level） 生物在生态系统食物链中所处的层次。也指在生态系统的能量流动过程中，按食物链环节所处位置而划分的等级。可分为生产者、初级消费者（次级生产者）、次级消费者、分解者等。

应急预案（emergency plan） 面对突发事件的应急管理、指挥、救援计划和工作方案。自然保护区主要包括防火、旅游安全、野生动物救护、野生动物肇事等方面的应急预案。

优势种（dominant species） 一个或少数几个可以决定生物群落主要特征的物种。它们通常是群落中每层个体数量最多、生物量最大、在能量流动和物质循环中贡献最大并能够反映群落内生境条件的生物种类。

游客容量（tourist capacity） 在保证游客满意度和舒适度的前提下，旅游环境、旅游资源与旅游设施所能承载的游客数量及其旅游活动的综合上限。统一以"当量人"来度量，以成年人旅游过程中产生的干扰为 1 个基准"当量人"。

游禽（natatore） 指适合在水中取食、喜欢在水上生活，脚向后伸，趾间有蹼，有扁阔的或尖嘴，善于游泳、潜水和在水中掏取食物，大多数不善于在陆地上行走的鸟类。一般包括雁形目、潜鸟目、鸊鷉目、鹱形目、鹈形目、鸥形目等。

游泳动物（nekton） 指具有有效的运动器官，在水层中能逆流游动的一类动物的总称。

有机食品（organic food） 指来自于有机农业生产体系，根据国际有机农业生产要求和相应的标准生产加工的，通过独立的有机食品认证机构（如国际有机农业运动联盟（FOAM））认证的食品。

有胚植物（higher plant） 见"高等植物"。

有效种群数量（effective population size） 具有正常繁殖、生育能力和不致于引起近缘变异和突变的生物种群数量。

鱼类（fish） 用鳃呼吸、以鳍为运动器官、多数披有鳞片和侧线感觉器官的水生变温脊椎动物。

原生林（primary forest） 指近现代没有人工采伐和发生过火灾等干扰

Y

的天然森林。

原生裸地（primary barren） 一般是指从来没有植物覆盖的地面，或者是原来存在过植被，但被冰川移动等大型地质运动彻底（包括原有植被下的土壤）毁灭的地段。

原生演替（primary succession） 在原生裸地上开始的生物群落演替过程。

原生植被（primary vegetation） 近现代未受到明显的人为干扰破坏，具有顶极植物群落结构特征的植被。

远交衰退（outbreeding depression） 指发生遗传分化居群间的杂交可能在后代中产生不利后果的现象。

原生境保护点（in-situ protection zone） 见"农用种质资源原位保护点"。

越冬场（wintering ground） 水生动物在冬季集中生活的场所。

Z

再引入（reintroduction） 在某物种已经灭绝的原产地重建其野生种群的过程。

增殖放流（stock enhancement） 指通过人工繁育苗种并培养成一定规格大小，放流入海（河、湖），使其自然生长、育肥，增加生物种群数量或品种，以稳定和提高资源数量和质量的活动。

沼泽（swamp） 陆地表面较平坦或稍低洼、地表过湿或有薄层常年或季节性积水，土壤水分几达饱和，生长有喜湿性和喜水性沼生植物并有泥炭形成或积累的地段。

珍贵物种（valuable species） 指对科学研究、文化教育、经济发展、社会生活等有重要价值的物种。

支付意愿（willingness to pay） 亦称"价格意愿"。指为了保护生物多样性和生态环境，人们愿意付出一定费用的愿望。通常是指受益方愿意向效益源所有者或经营者提供的经济补偿。

直接使用价值（direct use benefit） 指生物多样性及其相关过程所提供的直接实物价值和直接非实物价值两种价值。前者指生物资源产品或简单加工品所获得的市场价值。一般包括林产品、农副产品、医药产品等。后者指生物多样性的旅游观赏、科学文化和畜力使役等方面的服务价值。

直接市场法（direct market method） 直接运用货币价格，对有市场交易和价格的生物多样性价值进行计量的一种方法。

植被（vegetation） 在一个地区或流域范围内覆盖地表的所有植物和植物群落的总称。

植被的垂直地带性（vertical zonality of vegetation） 植被随海拔高度变

化而呈现的垂直分布规律。一般呈带状与等高线平行，并有一定的垂直厚度。在一个足够高的山体，从山麓到山顶更替着的植被带系列，大体类似于该山体所在的水平地带至极地的植被地带系列。例如，在西欧温带的阿尔卑斯山，山地植被的垂直分布和自温带、寒温带到寒带的植被水平带的变化大体相似。我国温带的长白山，从山麓至山顶所看到的落叶阔叶林、针阔叶混交林、云冷杉暗针叶林、岳桦矮曲林、小灌木苔原的植被垂直带，也是同自我国东北向太平洋沿岸的前苏联远东地区，直到寒带所出现的植被纬度地带性相一致。

植被的经度地带性（longitudinal zonality of vegetation） 植被随着地球表面经度的变化而呈现的规律性变化。受降水和湿度影响我国大陆从东南向西北依次出现森林、草原和荒漠的现象。

植被的水平地带性（horizontal zonality of vegetation） 受水热条件的影响，植被随经纬度变化而呈现出的地带性分布规律。包括纬度地带性和经度地带性。

植被的纬度地带性（latitudinal zonality of vegetation） 植被随着地球表面热量条件的规律性变化而逐渐更替的规律。北半球自北至南依次出现寒带的苔原、寒温带的针叶林、温带的夏绿阔叶林、亚热带的常绿阔叶林以及赤道的雨林。欧亚大陆中部与北美中部，自北向南依次出现苔原、针叶林、夏绿林、草原和荒漠。

植被地带（vegetation zone） 植被区域或亚区域内，由于水热变化，或由于地势高低所引起的热量分异而表现出的"植被型"的差异。可划分为地带或亚地带。我国共划分为 28 个植被地带。如南寒温带针叶林地带，温带针阔叶混交林地带，暖温带落叶阔叶林地带等。

植被分类系统（vegetation classification） 将各种各样的植物群落按其固有特征纳入一定的等级系统，从而使各类型之间的相似性和差异性更为显著，以达到区分和鉴别不同植被类型而建立的分类体系。我国的植被分类系统划分为植被型组、植被型、群系组、群系、群丛组、群丛等一系列等级。

植被类型图（vegetation map） 见"植被图"。

植被区（vegetation province） 在植被地带内，根据内部的水热状况，尤其是由地貌条件引起的差异而划分的区域，是植被区划系统的中级单位。我国共划分为 119 个植被区。如大兴安岭北部山地兴安落叶松林区、小兴安岭—完达山地红松针阔叶混交林区等。

Z

植被区划（vegetation regionalization）
在一定地段上依植被类型及其地理分布的特征划分出高、中、低各级彼此有区别、但在内部具有相对一致性的植被类型及其有规律组合的植被地理区。我国共分8个植被区域，12个植被亚区域，28个植被地带以及15个植被亚地带，119个植被区和453个植被小区。

植被区域（vegetation region）具有一定水平地带性的热量和水分综合因素所决定的一个或数个"植被型"占优势的区域，是植被区划系统的高级单位。我国植被划分为寒温带针叶林区域、温带针阔叶混交林区域、暖温带阔叶林区域、亚热带常绿阔叶林区域、热带季雨林和雨林区域、温带草原区域、温带荒漠区域、青藏高原高寒植被区域等8个植被区域。

植被图（vegetation map）表示各种植物群落或植被单位空间分布规律及其生态环境状况的地图，也称"植被类型图"。

植被小区（vegetation district）在植被区内，根据优势的基本植被类型（群丛组）划分出的小区称为植被小区，是植被区划的基本单位。如，南岭东部山地常绿槠类照叶林区可分为闽西常绿槠类照叶林小区和闽中、闽东常绿槠类照叶林小区2个植被小区。

植被型（vegetation type）建群种生活型相同（一级或二级）或近似，同时对水热条件要求一致的植物群落的联合体，是植被分类的高级单位。我国植被分为寒温性针叶林、温性针叶林、暖性针叶林、落叶阔叶林、常绿阔叶林、常绿针叶灌丛等29个植被型。

植被型组（group of vegetation type）建群种生活型相近、群落的形态外貌相似的植物群落的联合体。我国植被分为针叶林、阔叶林、灌丛和灌草丛、草原和稀树草原、荒漠、冻原、高山稀疏植被、草甸、沼泽和水生植被10个植被型组。

植被亚型（vegetation subtype）在植被型内根据优势层片或指示层片的差异来划分亚型，是植被型的辅助单位。这种层片结构的差异一般是由于气候亚带的差异或一定的地貌、基质条件的差异而引起。

植物区（kingdom）植物区系分区系统的最高级分区单位，是在地理区和植物区系上具有一致特点的地区，一般根据维管束植物特有种、特有属和特有科情况划分。包括泛北极植物区、古热带植物区、新热带植物区、开普植物区（好望角植物区）、澳大利亚植物区、泛南极植物区等6个植物区。

植物区系（flora）生活在某一地区的全部植物种类的总体。

Z

植物区系区划（floristic regionalization）利用各种植物区系成分分析方法把植物区系种类组成、地理成分与起源、不同等级的特有性与发展历史相似的地区合并，并按照相似程度、关系密切程度等分成若干等级的植物分布区划分方法。

指示生物（bio-indicator）对环境中的某些物质或干扰反应敏感而被用来监测或评价环境质量及其变化的生物物种或生物类群。

中国动物地理区划（zoogeographical division in China）根据动物区系的性质和特点，中国大陆动物分属于世界大陆动物区的古北界和东洋界。下分 7 个区：东北区、华北区、蒙新区、青藏区、西南区、华中区、华南区。中国海洋动物可分为黄渤海区、东海区和南海区 3 个区，它们分属于世界海洋动物区的北温带海动物区和热带海动物区。

中国植物区系区划（floristic regionalization in China）根据植物区系的性质和特点，中国植物区系分属于世界植物区系的泛北极植物区和古热带植物区两个植物区，下分为欧亚森林植物亚区、亚洲荒漠植物亚区、欧亚草原植物亚区、青藏高原植物亚区、中国—日本森林植物亚区、中国—喜马拉雅森林植物亚区和马来亚植物亚区等 7 个亚区

和阿尔泰地区、大兴安岭地区、天山地区等 22 个植物地区。

中生植物（mesophyte）适宜在水湿条件适中的陆地上生长的植物。

种群（population）一个物种的全部个体组成，也指占据一定地域（空间）、共享基因库的同种个体组成的群体。

种群波动（population fluctuation）指处于平衡状态的种群，随时间发展其种群数量围绕某一饱和量上下波动的现象。

种群动态（population dynamics）种群数量或结构在一定时间和空间范围内的变化过程。

种群复壮（population rejuvenation）采取人工扩繁等辅助方法，恢复濒危野生动植物种群规模的技术措施。

种群结构（population structure）种群内处于不同发育期或具有不同社群地位、个体大小或空间位置的个体组成。

种群空间分布格局（population spatial distribution pattern）见"种群空间格局"。

种群空间格局（population spatial pattern）亦称"种群空间分布格局（population spatial distribution pattern）"。组成种群的个体在其生活空间中的位置或分布形式。一般分为均匀分布、集群分布和随机分布三种类型。

Z

种群生存力分析（population viability analysis）用分析和模拟技术估计生物种群在一定时间内灭绝的概率。

种群周转（population turnover）局部生境中某一种群消失，之后又被同一物种的另一种群定居，依次重复出现的过程。局部生境中种群个体被同种新个体替换的速率，称为种群周转率。

种质资源（germplasm resources）是在自然演变过程中形成的，能在一定环境作用下，通过世代演替传递给后代，并发育为具有各种性状特征生物的可遗传的物质资源的总称。如古老的地方品种、新培育的推广品种、重要的遗传材料以及野生近缘植物，都属于种质资源的范围。

种质资源库（germ plasma resource bank）收集和保存种质资源的场所。包括进行易地保护的种子园、母树园、种质资源保存圃和种子储存库等。

种子植物（seed plant）能产生种子并用种子繁殖、体内有维管束的植物，是植物界最高等的类群，一般分为裸子植物和被子植物。

重点生态功能区（key ecological function zone）指在涵养水源、保持水土、调蓄洪水、防风固沙、维系生物多样性等方面具有重要作用，需要国家和地方共同管理，并予以重点保护和限制开发的区域。

重点生态功能区转移支付（transfer payment for key ecological function zone）为维护国家生态安全，引导地方政府加强生态环境保护力度，提高国家重点生态功能区所在地政府基本公共服务保障能力，促进经济社会可持续发展，中央财政在均衡性转移支付项下设立针对国家重点生态功能区的优惠经济政策。

主导因子（dominant factor）指生物赖以生存的诸种生态因子中对生物体的生长发育起关键性作用的因子。例如热带的高温、高湿对作物来说，都是主导因子；而在干旱的荒漠地区，水是植物的主导因子。主导因子的存在与否或数量改变会使生物的生长发育发生明显变化，如植物春化阶段的低温因子、光周期现象中的日照长度等。

转移支付（transfer payment）指各级政府之间为解决财政失衡而通过一定的形式和途径转移财政资金的活动，是用以补充公共物品而提供的一种无偿支出，是政府财政资金的单方面的无偿转移，大都具有福利支出的性质。

资源管理保护区（managed resource protected area）拥有大面积未经改变的自然生态系统，为自然资源持续利用而划定的保护区。该类保护区的管理就是保证生物多样性及其他自然资源得到长期的可持续利用，并提供自然产品和环境效益，以满足社区和国家发展的要求。属于 IUCN 保护区分类体系的 VI 类。

姊妹保护区（sistership nature reserves）亦称"兄弟保护区（brotherhood nature reserve）"。为了加强自然保护区之间的交流合作，提高管理水平，类型相近或保护对象相同的两个或多个保护区组建的联盟。

自然保护点（nature conservation spot） 为保护零星分布的国家或地方重点保护的野生动植物物种、小片的稀有植物群落，由地方政府或野生动植物主管部门设定的保护地段。自然保护点可分为重要自然保护点和一般自然保护点。

自然保护区（nature reserve） 对有代表性或有重要保护价值的自然生态系统、珍稀濒危野生动植物物种的天然集中分布地、有特殊意义的自然遗迹等保护对象所在的陆地、陆地水体或者海域，依法划出一定范围予以特殊保护和管理的区域。

自然保护区标识（identifies for nature reserve） 对自然保护区设施进行标示、说明或引导的特定文字、图形和符号。

自然保护区的级别（level of nature reserve） 我国根据自然保护区的价值及其在国际和国内影响力的大小，将自然保护区分为国家级自然保护区和地方级自然保护区，其中地方级自然保护区包括省（自治区、直辖市）级、市（自治州、盟）级和县（自治县、旗、县级市）级自然保护区。

自然保护区功能区划分（zoning of nature reserve） 根据保护对象及其周围环境特点以及管理需要，将自然保护区划分为具有不同功能的区域。一般划分为核心区、缓冲区、实验区等。

自然保护区共管委员会（co-management committee for nature reserve） 由自然保护区的利益相关者代表按照一定的分工合作方式共同组成的管理自然保护区相关事务的民间组织。

自然保护区管理计划（management plan for nature reserve） 自然保护区开展保护、科研监测、宣传教育、社区管理等日常管理工作的详细行动指南。

自然保护区管理有效性评估（assessment of nature reserve management effectiveness） 对自然保护区管理成效进行的评价，评价因子包括保护对象现状、规划设计、权属、管理体系、管理队伍、管理制度、保护管理措施、科研与监测工作、宣传工作、经费管理、资源可持续利用、社区协调性、生态旅游管理、监督和评估等因素。

Z

自然保护区解说系统（interpretation system） 以实物、人工模型、文字材料和音像载体等向公众介绍自然保护区的保护对象及其自然环境的特征、保护的价值和意义等相关信息的一套互动交流工具。

自然保护区类型（category of nature reserve） 根据自然保护区的保护对象、价值、性质等划分的自然保护区类别。

自然保护区联合体（nature reserve complex） 在一个行政区域内，具有统一管理机构的多个相对独立的自然保护区、子保护区、保护片区的集合体，如云南西双版纳自然保护区。

自然保护区群（nature reserve group） 在一个地理单元内，由保护对象相同的多个自然保护区组成的集群，如岷山大熊猫自然保护区群。

自然保护区设施（facilities for nature reserve） 用于自然保护区保护管理、科研监测、宣传教育、生态旅游和公共服务等方面的人工构筑和场所。

自然保护区适宜面积（suitable area for nature reserve） 为维持主要保护对象的长期存在，在考虑其分布和社会经济发展的前提下对自然保护区进行合理布局，依此建立的自然保护区所应具有的面积。

自然保护区适应性经营（adaptive management of nature reserve） 根据保护对象对生境的需求，以及其对人类的干扰方式和强度的适应情况而采取的生产经营活动。如，根据野猪的损害范围和强度调整作物种植的种类，为了给朱鹮提供良好的生境而调整水稻的种植方式等。

自然保护区体系（nature reserve system） 在一个区域内，为了全面、系统、有效地保护生物多样性而规划和建设的自然保护区系统。一般由自然保护区和生境廊道构成。

自然保护区学（nature conservology） 专门研究自然保护区的体系构建、规划设计、保护管理和经营利用等方面理论与技术的一门科学。

自然保护区域（protected region） 为了保护生物多样性关键地区，将某一地理单元全部划定为保护区域，这个地理单元就称为自然保护区域。对区域内的自然保护区和非自然保护区实行统一规划和建设。

自然保护区总体规划（master plan of nature reserve） 在对自然保护区的资源与环境特点、社会经济条件、资源保护与开发利用现状以及潜在可能性等综合调查分析的基础上，明确自然保护区的范围、性质、类型、发展方向和一定时期内的发展规模与目标，制定自然保护区保护、科研、监测、宣

Z

教、资源利用、社区发展、行政管理与资金估算等方面的行动计划与措施的过程。总体规划是长期指导自然保护区的建设与管理、确定和落实今后较长时期建设任务的依据。

自然保护区最小面积（minimum area for nature reserve）为维持自然生态系统的长期稳定性、野生动植物的最小可存活种群，依此建立的自然保护区所应具有的最小面积。

自然保护小区（mini reserve） 为保护国家或地方重点保护的野生动植物物种、典型植物群落，由各级政府设定的面积较小的保护区，面积一般小于 1000hm²。自然保护小区也可划分为国家级自然保护小区和地方级自然保护小区。

自然本底（natural background） 指在排除人类活动产生的因子外，自然界全部生物和环境要素的数量和质量的正常值。

自然地理环境（physical geographic environment） 见"自然环境"。

自然对策（natural strategies） 亦称"生态对策"。自然生态系统自身发展过程中，充分利用自身的生产力和恢复力以达到对复杂生物量结构的最大支持的策略。

自然环境（natural environment） 亦称"自然地理环境（physical geographic environment）"。自然界中由地球表层各种物质和能量所组成的环境整体。

自然纪念地（natural monument） 历史遗留下来的、具有独特的自然或文化价值的地区。其管理的目的是为了保护这些地区的自然特征。属于 IUCN 保护区分类体系的Ⅲ类。

自然景观（natural landscape） 由地质、地貌、土壤、气候、水文、生物等一系列因素所构成的自然综合体。

自然旅游资源（natural tourism resources） 地貌、水体、气候、动植物等自然地理要素所构成的、能够吸引人们前往进行旅游活动的自然景观。

自然生态系统类自然保护区（nature reserve for natural ecosystem） 以具有一定代表性、典型性和完整性的生物群落和非生物环境共同组成的自然生态系统为主要保护对象的自然保护区，包括森林生态系统、草原与草甸生态系统、荒漠生态系统、内陆湿地和水域生态系统、海洋和海岸生态系统等 5 个类型自然保护区。

自然性（natural） 自然保护区内物种、群落、生境、生态系统等维持自然状态的程度。一般根据受人类干扰多寡评价自然性的高低。

自然遗迹（nature monument） 自然界在其发展过程中天然形成并遗留下来的，在科学、文化、艺术和观赏等方面具有突出价值的自然产物。

Z

自然遗迹类自然保护区（nature reserve for natural monument） 以特殊意义的地质遗迹和古生物遗迹等为主要保护对象的自然保护区，包括地质遗迹和古生物遗迹两个类型自然保护区。

自然资本（natural capital） 自然资源和自然环境的经济价值，即自然界为人类的生产和消费过程所提供的投入，也包括作为原材料来源的自然资源以及作为废弃物排放和自然净化场所的环境。

自然资源（natural resources） 自然生成、以自然状态存在并受自然规律支配的可用于人类生产和生活的各种物质和能量。

综合防治 （integrated control） 从生态系统的整体性出发，应用生物、物理、化学等技术，将有害生物控制在允许范围以内的防治措施。

最大可持续产量（maximum sustainable yield） 见"最大可持续收获量"。

最大可持续收获量（maximum sustainable yield） 亦称"最大可持续产量"。在保证生物资源得到充分有效地利用而又不会对生物种群未来的发展产生不利影响前提下的最大可收获量。

最小存活面积（minimum viable area） 维持生物最小可存活种群所必需的生境面积。

最小可存活种群 （minimum viable population，MVP） 某一生境中的物种，在可预见的环境、遗传变异和自然灾害等随机因素影响下，以一定的概率存活一定时间所需的最小种群数量。也指在一定的时间内保持一定遗传变异所需的最小种群大小。

汉 英 索 引

A

B

C

D

G

H

J

K

L

M

N

Z

英汉索引

A

B

C

D

F

G

H

M

O

Q

R

S

T

U

V

W

X

Z

主 要 参 考 文 献

安树青. 生态学词典. 哈尔滨：东北林业大学出版社，1993.

蔡晓明，尚玉昌. 普通生态学（上、下册）. 北京：北京大学出版社，1992.

陈灵芝. 生物多样性保护现状及其对策. 见：中国科学院生物多样性委员会. 生物多样性研究的原理与方法. 北京：中国科学技术出版社，1994.

陈效述. 自然地理学. 北京：北京大学出版社，2001.

陈永文. 自然资源学. 上海：华东师范大学出版社，2002.

董晓峰. 旅游资源学. 北京：中国商业出版社，2006.

风景名胜区条例. 2006.

冯德培，谈家桢，王鸣岐. 简明生物学词典. 上海：上海辞书出版社，1982.

傅伯杰，陈利顶，马克明，等. 景观生态学原理及应用. 北京：科学出版社，2002.

国家林业局野生动植物保护司主编. 中国自然保护区管理手册（二），北京：林业出版社，2004.

郝文荣 主编. 新英汉林业词汇. 北京：中国林业出版社，1988.

贺金生，马克平. 物种多样性. 见：蒋志刚，马克平，韩兴国. 保护生物学. 杭州：浙江科学技术出版社，1997.

贺庆棠. 中国森林气象学. 北京：中国林业出版社，2000.

蒋志刚，马克平. 概论. 见：蒋志刚，马克平，韩兴国. 保护生物学. 杭州：浙江科学技术出版社，1997.

金鉴明，王礼嫱，薛达元. 自然保护概论. 北京：中国环境科学出版社，1991.

李博，杨持，林鹏. 生态学. 北京：高等教育出版社，2000.

李俊清，李景文，崔国发. 保护生物学. 北京：中国林业出版社，2002.

李天杰，郑应顺，王云. 土壤地理学. 北京：人民教育出版社，1982.

刘凌云，郑光美. 普通动物学（第三版）. 北京：北京师范大学出版社，1998.

刘培桐，薛纪渝，王华东. 环境学概论. 北京：高等教育出版社，1995.

陆时万，徐祥生，沈敏健. 植物学. 北京：高等教育出版社，1991.

马建章. 自然保护区学. 哈尔滨：东北林业大学出版社，1992.

宋永昌. 植被生态学. 上海：华东师范大学出版社，2001.

孙鸿烈，等. 中国资源科学百科全书. 北京：石油大学出版社，中国大百科全书出版社，2000.

孙建轩. 水土保持词语浅释. 北京：水利电力出版社，1985.

孙儒泳，李博，诸葛阳，尚玉昌. 普通生态学. 北京：高等教育出版社，1993.

孙儒泳. 动物生态学原理. 北京：北京师范大学出版社，2001.

汪松，解焱. 中国物种红色名录. 北京：高等教育出版社，2004.

王荷生. 植物区系地理. 北京：科学出版社，1992.

王孟本，毋月莲. 英汉生态学词典. 北京：科学出版社，2004.

王献溥，崔国发. 自然保护区建设与管理. 北京：化学工业出版社，2003.

武吉华，张绅，江源，康慕谊，邱扬. 植物地理学. 北京：高等教育出版社，2004.

夏正楷. 第四纪环境学. 北京：北京大学出版社，1997.

薛达元，蒋明康. 中国自然保护区建设与管理. 北京：中国环境科学出版社，1994.

阎传海. 植物地理学，北京：科学出版社，2001.

杨燕. 自然的内在价值及其现实意义. 郑州航空工业管理学院学报（社会科学版），2008，27（1）：67-68,74.

殷秀琴. 生物地理学. 北京：高等教育出版社. 2004.

余吉玲. 民族地区生态移民中的文化变迁. 恩施职业技术学院学报（综合版），2010，22（1）：36-38.

张更生，郑允文，吴小敏，蒋明康. 自然保护区管理、评价指南与建设技术规范. 北京：中国环境科学出版社，1995.

张新时，等. 中华人民共和国植被图（1：1000000）. 北京：地质出版社，2008.

郑光美. 鸟类学. 北京：北京师范大学出版社，1995.

郑倩. 浅析自然的内在价值. 商业文化，2011，3:356.

《中国大百科全书·环境科学》编委会. 中国大百科全书·环境科学. 北京：中国大百科全书出版社，2002.

《中国生物多样性国情研究报告》编写组. 中国生物多样性国情研究报告. 北京：中国环境科学出版社，1998.

《中国植被》编辑委员会. 中国植被. 北京：科学出版社，1983.

中华人民共和国国家标准. 标准化工作导则（第一部分：标准的结构和编写）（GB/T 1.1-2009），2009.

中华人民共和国国家标准. 风景名胜区规划规范（GB 50298-1999），1999.

中华人民共和国国家标准. 海洋自然保护区类型与级别划分原则（GB/T17504-1998），1998.

中华人民共和国国家标准. 旅游资源分类、调查与评价（GB/T 18972-2003），2003.

中华人民共和国国家标准. 土地利用现状分类（GB/T 21010-2007），2007.

中华人民共和国国家标准. 自然保护区类型与级别划分原则（GB/T 14529-1993），1993.

中华人民共和国国家标准. 自然保护区生态旅游规划技术规程（GB/T 20416-2006），2006.

中华人民共和国国家标准. 自然保护区总体规划技术规程（GB/T 20399-2006），2006.

中华人民共和国国家林业局标准. 国家湿地公园评估标准（LY/T1754-2008），2008.

中华人民共和国国家林业局标准. 陆生野生动物廊道设计技术规程（LY/T1758-2011），2011.

中华人民共和国国家林业局标准. 森林公园总体设计规范（LY/T5132-95），1995.

中华人民共和国国家林业局标准. 森林可持续状况评价导则（LY/T 1758-2011），2011.

中华人民共和国国家林业局标准. 自然保护区工程设计规范（LY/T 5126-2004），2004.

中华人民共和国国家林业局标准. 自然保护区工程项目建设标准（试行），2002.

中华人民共和国国家林业局标准. 自然保护区功能区划技术规程（LY/T 1764-2008），2008.

中华人民共和国国家林业局标准. 自然保护区设施标识规范（LY/T 1953-2011），2011.

中华人民共和国国家林业局标准. 自然保护区生态旅游评价指标（LY/T1863-2009），2009.

中华人民共和国国家林业局标准. 自然保护区生物多样性调查规范（LY/T1814-2009），2009.

中华人民共和国国家林业局标准. 自然保护区土地覆被类型划分（LY/T1725-2008），2008.

中华人民共和国国家林业局标准. 自然保护区有效管理评价技术规范（LY/T 1726-2008），2008.

中华人民共和国国家林业局标准. 自然保护区自然生态质量评价技术规程（LY/T 1813-2009），2009.

中华人民共和国海洋局标准. 海洋特别保护区分类分级标准（HY/T117—2010），2010.

中华人民共和国环境保护部标准. 有机食品技术规范（HJ/T 80-2001），2001.

中华人民共和国林业部标准. 自然保护区工程总体设计标准（LYJ 126-1988），1988.

中华人民共和国农业部标准. 绿色食品产地环境技术条件（NY/T391-2000），2000.

中华人民共和国野生动物保护法. 2004.

中华人民共和国野生植物保护条例. 1997.

中华人民共和国自然保护区条例. 1994.

朱立言，孙健. 适应性管理的兴起及其理念. 湖南社会科学，2008，6:63-68.

竹中信治，余新晓. 森林水文学用语词典. 北京：中国林业出版社，1993.

祝国瑞. 地图学. 武汉：武汉大学出版社，2004.

CNPPA/IUCN, WCMC, Guidelines for protected area management categories. IUCN, Gland, Switzerland and Cambridge, UK:IUCN Publications services Unit,1994.

FAO. Global forest resources assessment 2000. FAO forestry paper，Rome，2001.

Hanski I. Metapopulation Ecology. Oxford: Oxford University Press，1999.

Hanski I，Gilpin M E. Metapopulation Biology: Ecology，Genetics，and Evolution. San Diego: Academic Press，1997.

Hanski I. Metapopulation ecology. Oxford University Press Inc. New York，1999.

IUCN. IUCN Red List Categories. Switzerland，IUCN，Gland，1994.

Michael Allaby. 牛津生态学词典. 上海：上海外语教育出版社，2001. 多样性公约秘书处. 生物多样性公约. Hap: //www.cbd.int/doc/legal/cbd-un.zh.pdf.

Thomas J W（2006）Adaptive management: what's it all about? Water Resources Impact 8（3）：5-7.